Dr. Erhard Benke

In Luch und Bruch

Vom Jagen im Havelland

Impressum

Herausgeber:
cw Nordwest Media Verlagsgesellschaft mbH • Am Lustgarten 1 • 23936 Grevesmühlen
Tel./Fax: 03881/2339 • info@nwm-verlag.de • www.nwm-verlag.de

Dr. Erhard Benke
1. Auflage 2023

Titelbild: Hans-Georg Schumann
Illustrationen: UP Schwarz

Gesamtherstellung:
cw Nordwest Media Verlag
Erscheint unter dem Label: FOX

ISBN: 978-3-946324-67-6

Dr. Erhard Benke

In Luch und Bruch

Vom Jagen im Havelland

Für Luca, Josephine und Stella

Inhalt

Schauplatz Havelland – Zum Geleit

Wenn die Havel ihre Kinderstube im mecklenburgischen Seengebiet verlässt und sich nach Süden wendet, erreicht sie bei Fürstenberg die Mark Brandenburg. Ihr weiterer Weg bis zur Einmündung in die Elbe gleicht einer wertvollen Schmuckkette. Statt Perlen säumen – wie blaue Saphire – viele Seen ihren Lauf. Und den Städten an seinen Ufern gab der Fluss sein Gepräge auf Jahrhunderte.
Wer kennt nicht Schloss Sanssouci in Potsdam mit seinen herrlichen Weinbergterrassen, Residenz des Preußenkönigs Friedrich II.? Dann mein Geburtsort Brandenburg, die Stadt, die dem Land ihren Namen gab und die dem vormals noch unbedeutenden Ort Berlin die Stadtrechte verlieh. Oder Rathenow, die Stadt der Optik und nicht zuletzt die in meinen Augen schönste Perle von allen, Werder an der Havel. Ach wie lange schon das bedeutende Obstanbaugebiet zur Versorgung Berlins. Besonders zum traditionellen Baumblütenfest im Frühling ist Werder an der Havel ein Magnet für viele Besucher bereits seit dem 19. Jahrhundert.
Die Landschaft, die diese naturgebundene Schmuckkette umfasst, nennt man das Havelland, ein geographischer Begriff, der auf Theodor Fontane zurückgehen soll. Gebirgszüge sucht man hier vergebens, die Götzer Berge im Süden zählen mit 108m schon zu den höchsten Erhebungen. In Jeserig, einem Dorf in ihrer Nähe, bin ich aufgewachsen.

Im Jahr 1998 wurde der Nationalpark Westhavelland eingerichtet: das größte Schutzgebiet der Mark Brandenburg. Zu seinem Kerngebiet zählt das Havelländische Luch, das großflächige Moor- und Sumpfgebiete umfasst, wie überhaupt das Havelland als die wasserreichste Region der Mark Brandenburg gilt. Berühmte Söhne meiner Heimat hinterließen ihre Spuren bis heute, so der Flugpionier Otto Lilienthal. Mit seinem Bruder Gustav studierte er den Vogelflug und führte 1891 bis 1896 mit eigens konstruierten Gleitflugzeugen viele erfolgreiche Flüge durch, bis der neuzeitliche Ikarus am Gollenberg bei dem Ort Stölln die Folgen eines Absturzes aus 15 m Höhe nicht überlebte. Das Wort Flugzeug lässt sich auf ihn zurückführen. Im Jahr 1889 verfasste der Schriftsteller Theodor Fontane, Nachfahre hugenottischer Einwanderer, das

Gedicht: „Herr von Ribbeck auf Ribbeck im Havelland“ und machte damit den unweit von Nauen gelegenen Ort Ribbeck weithin bekannt. Das Schloss gleichen Namens ist auch heute noch ein beliebtes Touristenziel.

Die Tier- und Pflanzenwelt ist beachtlich, aber sie hat sich in den vergangenen Jahrzehnten verändert. Seltene Vogelarten wie Großtrappe, Kiebitz oder Große Rohrdommel, während meiner Kindheit noch häufig zu sehen und vor allem zu hören, sind drastisch zurückgegangen. Tier- und Vogelarten, die mit wasserreicher Umgebung gut zurechtkommen, fühlen sich im Havelland wohl: Rohrweihe, Fisch- und Seeadler, zahlreiche Gänse- und Entenarten, Kraniche, Weißstörche, Biber, Fischotter und Amphibienarten wie die Ringelnatter oder der Grasfrosch. Im Naturpark Westhavelland befindet sich ein Schutzgebiet für die sehr seltenen Großtrappen. Deutschlandweit soll es nur noch einige Hundert von ihnen geben. Bei Buckow (Nennhausen) lassen sie sich auf Führungen mit etwas Glück beobachten.

Beeindruckend ist die Zahl der artenreichen Fische in der Havel mit ihren vielen Seen und Kanälen. Havelzander und Havelaal sind unter Feinschmeckern feststehende Begriffe. Gelegentlich geht den Fischern auch mal ein kapitaler Hecht oder Wels ins Netz. Aber auch Weißfische wie Plötze, Blei, Rotfeder oder Ukelei kommen häufig vor. Karpfen, Karauschen oder Schleie bevorzugen dagegen ruhige, flache Seen oder „Erdlöcher“. Das sind mit Wasser gefüllte ehemalige Tongruben. Ende des 19. Jahrhunderts wurde dort der Ton für die häufigen Ziegelbrennereien in der Umgebung abgebaut. Mit den Backsteinziegeln, die über zahlreiche Kanäle in die Havel und auf ihr in die aufsteigende Metropole Berlin verschifft wurden, konnten die Wohnkasernen für die ansteigende Bevölkerung der Hauptstadt Berlin errichtet werden.

Heinrich Zille oder auch Kurt Tucholsky haben anschaulich geschildert, wie der Alltag der Bewohner verlief. In den vor Menschen und Müll überquellenden Elendsquartieren des Berliner Ostens machten sie sich gegenseitig die überfüllten Hinterhöfe und Wohnungen streitig.

Sollte aber der Eindruck entstehen, das Havelland sei eine Gegend, in der man auf Schritt und Tritt in Morast versinkt, so sei gesagt, dass es auch weite Wiesen und Ackerflächen sowie ausgedehnte Wälder gibt.

In ihnen sind gleich fünf Schalenwildarten heimisch: Rot- und Damwild, Schwarz-, Muffel und Rehwild. Da auch Niederwild reichlich vorkommt, kann man durchaus von einem jagdlichen Paradies für den passionierten Weidmann sprechen. Zahlreiche Wanderrouten, die durch malerische Dörfer und Landschaften, vorbei an vielen Sehenswürdigkeiten vorüberführen, erschließen das Havelland touristisch.

Mir war es vergönnt, 35 Jahre in den Gefilden des südlichen Havellandes auf Jagd zu gehen. Die ersten Jahre standen noch unter dem Motto „Die Jagd gehört dem Volke", später war das Bundesjagdgesetz maßgebend. Jede Zeit hatte ihre Besonderheiten. Die Zeitzeugen aus der Epoche von Hammer-, Zirkel- und Ährenkranz werden jedoch langsam, aber stetig weniger. So habe ich versucht, einige Besonderheiten aus jener Epoche mit den in diesem Buch beschriebenen Jagderlebnissen zu verknüpfen und somit die Erinnerung daran wachzuhalten.

Dieses Buch soll die Schönheiten und Eigenarten des Havellandes, der Perle der Mark Brandenburg, dem Leser aus der Sicht des Weidmannes näherbringen. Möge er sich zu eigen machen, was nach einer Jagd in Liebenberg Kaiser Wilhelm II. den teilnehmenden Jägern in ihr Jagdbuch schrieb:

„Ich trinke auf den Märkischen Wald
Mit seinen schönen Bäumen,
Des Gleichen auf die Waldesluft
Mit ihren süßen Träumen

Ich trinke auf den grünen Rock,
In Ihm die Waidmannsschar
Mög Sankt Huberti Huld und Schirm
sie schützen immer dar."

Im Visier der neuen Waffe

An einem späten Nachmittag 1990, einige Tage vor Weihnachten, lieferte der Postbote ein längliches Paket an der Haustür ab. Die vor nicht allzu langer Zeit bei einem renommierten Jagdversandhandel bestellte Waffe war eingetroffen, so problemlos wie ein Paketversand nur sein kann.

Für ein Mitglied einer DDR-Jagdgesellschaft eigentlich ein völlig unwirklicher Vorgang, denn die Möglichkeit, eine eigene Jagdwaffe zu erwerben, war für einen durchschnittlichen Jäger in der DDR nahezu unmöglich. Wer dennoch in diesen Genuss kam, war in der Regel Angehöriger der bewaffneten Organe (Volksarmee, Innenministerium) oder Funktionsträger aus Staat und Wirtschaft. Die wenigen Jäger mit persönlicher Waffe, die nicht diesem Personenkreis angehörten, konnte man an den Fingern einer Hand abzählen. Insbesondere wurde aus einer übertriebenen Sicherheitsdoktrin der Partei- und Staatsführung heraus darauf geachtet, den Kreis der Besitzer von Kugelwaffen so gering wie möglich zu halten.

Selbst viele alte, erfahrene Jagdleiter haben sich jahrelang vergeblich bemüht, eine Kugelwaffe zu erwerben. Die Mehrheit der Jagdausübenden musste sich Waffen von den Jagdwaffenstützpunkten der staatlichen Forstwirtschaftsbetriebe ausleihen: anfangs nur für die Dauer der Jagdausübung, später viele Jahre hindurch nur für jeweils 72 Stunden, erst in den letzten Jahren für 7 Tage.

Kein Wunder also, wenn ich ehrfurchtsvoll die erste eigene Jagdwaffe, eine Bockbüchsflinte im Kaliber 12/70 – 7x65 R in die Hand nahm. Munition war auch gleich mitgeliefert worden, sodass einem Anschießen der Waffe am nächsten Vormittag, einem Sonnabend, nichts im Wege stand. Der Jagdleiter höchstpersönlich, den ich zuvor informiert hatte, stellte die Zielscheibe auf dem mit Wintergerste bestellten Acker auf. Denn noch galten in dieser Übergangszeit die gesetzlichen Bestimmungen über die Ausübung der Jagd durch die Jagdgesellschaften in den einzelnen Jagdgebieten. Es zeigte sich, dass die Waffe eine hervorragende Treffgenauigkeit sowohl mit dem Büchsen- als auch mit dem Flintenlauf aufwies. Die verwendete Büchsenpatrone 7x65 R von Sellier & Bellot mit dem 11,2 g schweren Teilmantelspitzkopfgeschoss schien der Waffe zu liegen. Sie wurde übrigens neben den Universalkalibern 7x57 R und 8x57 IRS schon in den Jagdgesellschaften der DDR benutzt. Mit diesen Kalibern konnte die gesamte Palette des vorkommenden Schalenwildes problemlos bejagt werden.

Schon der nächste Morgen fand mich noch vor dem Morgengrauen auf einer offenen Kanzel an der Wald Feld-Grenze. In einer circa 100 m entfernten Niederung hatte häufig das Rehwild seinen Tageseinstand. Da der Rickenabschuss noch nicht erfüllt war, hatte mich der Jagdleiter dort angesetzt, zum ersten Mal mit meiner eigenen Waffe! Langsam wurde es hell, und während es nass von den Ästen tröpfelte, begannen sich die ersten Konturen aus dem diesigen Morgen zu schälen. Weit draußen auf dem Getreideschlag nahm ein dunkler Fleck allmählich Gestalt an. Meister Lampe rückte zu Holze, nachdem er die zarten Triebe der Wintergerste gekostet hatte. Jetzt nur schnell den schützenden Wald erreichen, um gut gedeckt in der Sasse den Balg zu trocknen und den Tag zu überstehen – das mögen seine Gedanken gewesen sein. Auf 40 m fassten ihn die harten Schrote und ließen ihn noch mehrfach hin- und herschnellen, bevor die weiße Bauchseite aus der grünen Saat hervorleuchtete. Somit hatte die Waffe ihre Taufe bestanden. Obwohl ich nicht mehr mit weiterem Anlauf rechnete, wollte ich doch noch bleiben. Zu ruhig und vertraut war der Morgen. Das schien auch das Schmalreh zu empfinden, das kurz vor dem Abbaumen der Schilfsenke zuwechselte. Als es auf rund 120 m kurz verhoffte, tippte der Finger an den gestochenen Abzug und ließ es im Knall verenden. Die Kugel saß wie angetragen Mitte Blatt.

So hatte der vorweihnachtliche Morgenansitz gleich zwei erfreuliche Ergebnisse gebracht: der Festtagsbraten war Dank des strammen Rammlers gesichert, und gleich der erste Einsatz der neuen Waffe verlief überaus erfolgreich. Auch in den folgenden Jahren ließ mich die Bockbüchsflinte nie im Stich, selbst starkes Schwarzwild brachte sie sicher zur Strecke. Eine Bache von 84 kg, nie wieder erlegte ich eine an Wildbret stärkere, lag am Anschuss. Das Geschoss war bilderbuchmäßig aufgepilzt mit regelmäßiger Fahnenbildung des Mantels. Es befindet sich als Erinnerung in meinem privaten „Jagdmuseum". Das reichlich vorhandene Feist lieferte übrigens ausreichend Rohstoff für viele Töpfe köstlichen Schmalzes.

Nach fünf Jahren, ich hatte inzwischen um die 70 Stück Schalenwild erlegt, schien mir die Treffsicherheit etwas nachzulassen. An einem Frühsommermorgen saß ich am Rande einer Kiefernschonung an, als plötzlich ein Kapitalbock austrat und eine am Wegesrand stehende Birke zu fegen begann. Die Entfernung mochte 80 m betragen. Eigentlich musste der Bock mir gehören. Vorsichtig brachte ich die Waffe in Anschlag, entsicherte und gerade als ich den Rückstecher betätigen wollte, löste sich donnernd und völlig überraschend der Schuss. Mit hohen Sprüngen empfahl sich der Bock und ich saß da wie ein begossener Pudel.

Büchsenmachermeister Wilke in Nauen gab sich alle Mühe, das Stechschloss mehrfach nachzuarbeiten, aber es blieb ein Lotteriespiel, ob sich beim Einstechen der Schuss selbsttätig löste oder nicht. Außerdem hatte sich das mit einer Festmontage montierte Zielfernrohr leicht verzogen: daher die abweichende Treffpunktlage nach links. Ursache dafür war ein zu eng bemessener Waffenschrank. Der von mir benutzte war ein Eigenbau eines handwerklich begabten Bekannten. Denn in der DDR waren industriell gefertigte Waffenschränke in den Jagdausstattergeschäften nur mit Geduld und viel Glück zu ergattern. Das traf auch auf andere, eigentlich selbstverständliche Jagdartikel zu. Waren zum Beispiel zufällig Jagdmesser im Angebot, wurde nur eines gegen Vorlage der Jagderlaubnis abgegeben. Der Kauf eines einfachen Jägerhutes oder einer Stiefelhose konnte sich zu einem Problem ausweiten, da ich dafür eine Kleiderkarte des staatlichen Forstwirtschaftsbetriebes vorlegen musste. Auch der Erwerb von Jagdliteratur war reine Glückssache und wurde vielfach durch Vererbung oder Kauf von Privat zu Privat gehandhabt. Ich hatte es genau so erlebt und erwähne es nicht, um das Jagdwesen in der DDR in Bausch und Bogen abzuwerten, sondern um diese Seite der Mangelwirtschaft, die auch um die jagdlichen Belange keinen Bogen machte, in der Erinnerung der heutigen Jäger zu bewahren. Dennoch sind die Jäger der DDR ihrer Freizeitbeschäftigung mit großer Leidenschaft nachgegangen. Und sie haben sich dabei durchaus wohlgefühlt.

Zumindest war die Dicke der Brieftasche kein Kriterium, um die Jagd ausüben zu können. Ein Versicherungsbeitrag von 10 Mark sowie ein Mitgliedbeitrag von maximal 150 Mark in der Jagdgesellschaft war alles, was der Jäger jährlich zu bezahlen hatte, von selbstverständlichen Nebenkosten abgesehen.

Verkauf, Lagerung und Verarbeitung des erlegten Wildes erfolgten durch die staatlichen Forstwirtschaftsbetriebe als ökonomischem Träger der Jagd. Den Jagdgesellschaften standen aus der Ablieferung des erlegten Wildes noch Extraerlöse zu: 20 % des Gewichts im aufgebrochenen Zustand bei Rot-, Dam-, Reh-, und Muffelwild, 30 % bei Schwarzwild. Davon ging der größte Anteil als Abschussprämie an den einzelnen Jäger. Der konnte darüber hinaus noch Prämien durch die Erlegung von Haarraubwild erlangen, z.B. 100 Mark für einen geschossenen Winterfuchs.

Die Weidgenossen gehörten den verschiedensten beruflichen und sozialen Gruppierungen an. Ihre politischen Auffassungen waren durchaus heterogen. Eine Bedingung traf in der Regel auf alle zu: ein loyales Verhältnis zum Staat als Gewähr dafür, dass das ihnen übertragene Recht, eine Waffe zu führen, nicht missbräuchlich benutzt wurde.

1995 kam es dann schließlich dazu, dass ich beim Büchsenmachermeister Weiß in Gardelegen eine Suhler Bockbüchsflinte im Kaliber 12/70 - .30-06 erwarb, die bis heute keine Wünsche offen lässt. Die damals ausgemusterte Waffe jedoch war sowohl Anlass zu dieser Erzählung als auch, was mir noch wichtiger erscheint, zu einigen Reminiszenzen über das Jagdwesen einer vergangenen Epoche, getreu dem Schiller-Wort aus Wilhelm Tell: *„Das Alte stürzt, es ändert sich die Zeit".*

Blattjagd einmal anders

Eine verschwiegene, abseits von allen Wegen gelegene Waldlichtung war das Ziel eines seinerzeitigen Ansitzes. Schon ein Jahr zuvor hatte ich mit Jagdfreund Bernd einen offenen Leitersitz, angelehnt an eine alte Eiche, errichtet. Von oben hatte man eine gute Übersicht über eine 100 m breite und lange Waldlichtung, deren eintöniger Anblick durch allerlei Buschwerk und einige verkrüppelte Kiefern gemildert wurde.

Wegen eines Eichenjungwuchses auf einem Teil der Fläche war das Areal Jahre davor eingegattert worden. Inzwischen war die Umzäunung aber nur noch in Resten erhalten. Der Jungeichenbestand hatte schon eine beachtliche Höhe erreicht. Und hinter dem Sitz erstreckte sich ein ausgedehntes Erlenbruch: Kinderstube und Tageseinstand für die zahlreichen Sauen im Revier. Diese waren jedoch nicht das Ziel des an jenem Tag geplanten Ansitzes, der galt vielmehr dem Rehwild. Vielleicht glückte es sogar, in dieser heimlichen Ecke einen alten Geheimrat zu erblatten. Immerhin standen nun, Anfang August, die Chancen dafür nicht schlecht. Wenn überhaupt, dann konnte es jetzt klappen. Da die meisten Schmalrehe und Ricken zu dieser Zeit bereits beschlagen sind, suchen die Böcke nach brunftigen Stücken und können überall im Revier unverhofft auftauchen. Nicht selten fallen sie dabei den Fieplauten des ansitzenden Grünrockes zum Opfer.

Ich weiß noch, dass es ein ausgesprochen heißer Sommertag war. Den ganzen Tag über hatte die Sonne ihre sengenden Strahlen herabgesandt. Die Blätter an Bäumen und Buschwerk hingen wie erschöpft schlaff herunter, als ich mich am späten Nachmittag auf den Weg machte. Bei solchem heißen Wetter lohnt sich normalerweise der Ansitz tagsüber nicht. Die Reviere wirken wie ausgestorben und das Wild wird erst nach Einbruch der Dunkelheit rege. Mit einer Ausnahme: die Blattzeit. Dann kann die Hitze sogar zu einer Belebung des Brunftgeschehens führen. Auf dem grasbewachsenden, selten benutzten Waldweg zur Ansitzleiter nutzte ich die Zeit, um mir selbst in Gedanken gehörig die Meinung zu sagen, hatte ich doch mein 10x50 Fernglas zu Hause vergessen. Aber wem das einmal passierte, der lernt mit Sicherheit daraus. Notfalls musste der Bock eben durch das starkvergrößernde Zielfernrohr angesprochen werden. Im Stillen bewunderte ich schon das gut geperlte, langendige Sechsergehörn des noch nicht erlegten Bockes und überlegte, wie ich ihn nach dem Aufbrechen am besten zum Auto bugsieren würde. Aber Hochmut kommt vor dem Fall – und es sollte tatsächlich alles ganz anders kommen.

Auf dem vergrasten und vermoosten, von Erlen und Eichen gesäumten Waldweg konnte man sich lautlos wie auf Samtpfoten bewegen. Und an einer mir wohlbekannten Biegung legte ich die letzten 30 m zum Ansitz auf einem von Ästen und Laub befreiten Pirschweg zurück, der unsichtbar hinter einigen Büschen begann. Zunächst einmal hatte ich es geschafft, lautlos den Leitersitz zu erreichen. Die Frage, wohin mit dem Fernglas bei dem wenigen Platz, stellte sich an jenem Tage wenigstens nicht. Entspannt und erwartungsvoll genoss ich die Ruhe und Abgeschiedenheit diesen verschwiegenen Revierteils und ließ meine Blicke rundum gehen. Nach der obligatorischen 20-minütigen Wartezeit drangen hauchzart die ersten Fieptöne durch die spätnachmittägliche Stille und nach fünf Minuten folgte die nächste Serie, diesmal etwas lauter. Kaum war sie verklungen, da brach und knackte es laut vor mir.

Aus dem Wurzelgesperre einer riesigen umgestürzten Zitterpappel, circa 60 m entfernt, drangen die verräterischen und zugleich verheißungsvollen Laute an mein Ohr. Scheinbar hatte ich es beim Blatten schon zu einer gewissen Meisterschaft gebracht. Diana verhülle dein Haupt, denn so unmittelbar hatte noch nie ein Bock reagiert, versuchte ich mir geschmeichelt einzureden. Wo aber blieb er? War es nicht langsam Zeit für ihn, auszutreten und den Lockrufen zu folgen?

Längst musterte ich durch das Zielfernrohr der angeschlagenen Waffe die Stockausschläge in der Nähe der umgestürzten Pappel, als sich plötzlich hinter dem Drahtzaun am Ende der Lichtung, gut 100 m entfernt, ein mächtiger Wildkörper ins Sehfeld schob. Der Verursacher der Geräusche gab sich die Ehre. Kein Bock, sondern ein imposanter Keiler in seiner hellen Sommerschwarte. Unter dem Wurzelteller der umgestürzten Pappel hatte er sich eingeschoben, um dort ungestört den Tag zu verdösen, derweil ein Gewirr von Gesträuch und Stauden seine Schlafstube vor den Blicken Unbefugter verbarg. Die Fieplaute hatten ihn nicht angelockt, was durchaus möglich gewesen wäre, sondern im Gegenteil vorsichtig das Weite suchen lassen. Sicher hatte er sie schon häufiger vernommen und war so in der Lage, meine Sirenengesänge als unecht und somit als gefährlich einzustufen. Wer kennt sich schon so genau im Instinkt des Wildes aus?

Dass es sich um einen Keiler handelte, konnte ich seinem Gebäude entnehmen und der Tatsache, dass keine Frischlinge folgten. Die Kugel blieb im Lauf. Sie hätte sich womöglich am Maschendraht zerschlagen und die exakte Zielansprache auf diese Entfernung nur mit dem Zielfernrohr wäre nicht mehr weidgerecht zu nennen.

So konnte dieser Keiler seine Schwarte weiter durch den Sommer tragen und mir blieb nur die Erkenntnis: *Ach, dass der Mensch so häufig irrt und nie recht weiß, was kommen wird.*

Ein guter Schaufler zum Ende der Brunft

Jede Einzelheit des guten Schaufelgeweihs konnte ich erkennen, denn der Hirsch verhielt genau hinter einer starken Kiefer, die sich in halber Mannshöhe gabelte, sodass nur Haupt und Träger hervorsahen. Einen Schritt nach vorn müsste er nur machen, und das Blatt wäre frei. Aber diesen Gefallen tat er mir nicht. Schlimmer noch, ich musste schon eine ganze Weile, nach rechts verdreht wie ein Korkenzieher, mit der angeschlagenen und gestochenen Waffe die Stellung halten, denn das Wild war auf der falschen Seite herangezogen und verhoffte schon einige Minuten wie ein Denkmal hinter der Zwillingskiefer. 100 m mochte die Entfernung betragen, eigentlich kein Problem für meine Mauser-Repetierbüchse, nur war für keinen noch so kleinen Moment das Blatt frei und ein Trägerschuss auf solch eine Entfernung wäre ein zu großes Risiko und zudem unweidmännisch gewesen. Schließlich enthob mich der Hirsch weiterer Überlegungen, indem er sich abwandte und gemessenen Schrittes wie ein Phantom im Bestand verschwand.

So war ich wieder allein in der Waldeinsamkeit, die nur hin und wieder vom klagenden Ruf des Schwarzspechtes unterbrochen wurde. Und da flog er ja vorüber in seinem wellenförmigen Flug, der taubengroße Vogel mit der roten Kappe auf Kopf und Nacken. Wenn der Schwarzspecht häufig ruft, kündigt sich ein Wetterwechsel an, so der Volksmund. Nun, wir würden ja sehen. Am folgenden Morgen wollte ich es an derselben Stelle nochmals versuchen. Mein interessierter Enkelsohn wollte mich begleiten. Möglich, dass sich der Hirsch wieder zeigen würde. Er erschien mir im Rückenbereich dunkler gefärbt als es sonst zu sein pflegt und schon daran wäre er leicht wiederzuerkennen.

Die Chance auf ein nochmaliges Zusammentreffen war durchaus gegeben. Während der Hauptbrunft wechseln nicht nur geringe Damhirsche und abgebrunftetes Kahlwild, sondern auch alte, suchende Schaufler tagsüber zwischen den Brunftplätzen. Und mein aktueller Hochsitz befand sich in der Nähe eines solchen attraktiven Wechsels. Vielleicht würde er mir am nächsten Tag Anblick und Waidmannsheil bescheren. Wie sagt doch ein altes Sprichwort sibirischer Rentiernomaden? *„Der Mensch hat zwar große Augen, doch was morgen ist, sieht er nicht."*

Der folgende Tag, es war inzwischen der letzte im Oktober, fand mich mit meinem Begleiter am frühen Nachmittag wieder auf meinem alten Platz. Die Wetterprognose des Schwarzspechtes hatte sich glücklicherweise nicht erfüllt und ringsherum atmete alles Stille und Ruhe. Das Stangenholz zu meiner Linken wurde vor mir und rechterhand von circa 70-jährigem Kiefernaltholz abgelöst, sodass auch mit unbewaffnetem Auge eine weite Rundumsicht gewährleistet war. Einzig Thors heiliges Tier, ein Eichkater, rasselte schnalzend einen Kiefernstamm empor, danach herrschte wieder Stille ringsum wie vorher.

Eine Bewegung im rechten Augenwinkel ließ mich langsam den Kopf wenden: Ein Spießer mit lauscherhohem Kopfschmuck zog lautlos und völlig vertraut von hinten heran und verhoffte keine 30 m vor einem breiten Holzabfuhrweg, den zu überqueren er gerade in Begriff war. Die Büchse lag im Anschlag, als er mitten auf dem Weg nochmals längere Zeit sicherte, wie das bei Damwild häufig der Fall ist. Idealer konnte einer Schussposition nicht sein, aber da ich bereits Anfang Oktober einen Spießer gestreckt hatte, blieb der Finger diesmal gerade. Denn noch rechtzeitig wurde mir bewusst, dass der heutige Ansitz einem ganz bestimmten Wild galt. Die Zeit verging und während die Minuten verrannen und nichts geschah, ging mir das Sprichwort von dem Spatz in der Hand, der immer noch besser wäre, als die Taube auf dem Dach, durch den Kopf. Vielleicht hätte ich den Spießer doch erlegen sollen? Fast verschlug es mir den Atem, als ich rechts von mir erneut eine undeutliche Bewegung wahrnahm.

Exakt auf dem Wechsel, den vorher der Spießer gezogen kam, zog erneut ein Hirsch heran. Und dieses Mal bestand kein Zweifel, es war der Gesuchte. Fast an derselben Stelle wie zuvor der Spießer verhoffte er zwischen den Kiefernstämmen am Wegesrand. Keiner seiner Sinne schien ihn davor zu warnen, dass ihm hier jetzt höchste Gefahr drohte. Starr war sein Blick auf das vor ihm liegende Kiefernaltholz gerichtet. Und dieses Bild mag er mit hinübergenommen haben in die Ewigen Jagdgründe, als er nach dem Schuss mit hocherhobenem Wedel in unsicheren Fluchten den Weg überquerte und sein Lebenspfad am Fuße einer alten Kiefer endete.

Musste man Mitleid mit dem alten Schaufler haben? Vielleicht, vielleicht. Aber immerhin hatte er, bis die Kugel seinen Lebensfaden durchtrennte, ein freies

Leben in der Natur führen können. Freilich mit allen Risiken, wie jedes andere Lebewesen einschließlich uns Menschen auch. Ihm war das Schicksal erspart geblieben, in einer Tiermastanlage mit Neonlicht, Kraftfutter und beengten Raumverhältnissen vegetieren zu müssen. Das natürliche Tageslicht und die Sonne sah er jeden Tag, nicht nur, wie diese bedauernswerten Kreaturen auf der Fahrt zum Schlachthof. Nein, dieser Hirsch hatte ein Leben in Freiheit genossen und als seine Zeit abgelaufen war, ein schnelles Ende gefunden. Er lebt weiter in der Erinnerung desjenigen, dem es vergönnt war, auf ihn zu pirschen und ihn erlegen zu dürfen.

Ansitz auf Wildgänse

Wenn im Herbst die Wildgänse in ihre südlich gelegenen Winterquartiere ziehen, ist ihr charakteristischer Ruf tags und nachts zu vernehmen. Sie sind sehr wachsam, scheu und äußerst schwer zu bejagen. Ihr Gesichtssinn ist hervorragend, ebenso ihr Erinnerungsvermögen. Haben sie erst einmal nach Aufgang der Jagd Feuer bekommen, meiden sie die betreffende Stelle nach Möglichkeit oder überfliegen sie in unerreichbarer Höhe. Sie können ein hohes Lebensalter von einigen Jahrzehnten erreichen. Zubereitung und Verzehr eines solchen Bratens sind kein reines Vergnügen, wie ich aus eigener leidvoller Erfahrung bestätigen kann.

Solange im Herbst oder zu Winterbeginn die Gewässer noch offen sind, verbringen Wildgänse die Tage grasend auf großen Wiesen- oder Ackerflächen, um gegen Abend wieder ihren Schlafgewässern zuzustreichen. Das sind ruhige Schilf- und Rohr bestandene Binnengewässer, wo sie in Gesellschaft von Entenvögeln, Blessshühnern und oft auch Kranichen die Nacht verbringen und von wo aus sie morgens etappenweise in großen Flügen zur Futtersuche in die Umgebung ausfliegen.

Mit circa 450 ha ist der Rietzer See ein solches bevorzugtes Nachtquartier und gleichzeitig der größte See in der Gegend. Sitzt man zu nachtschlafender Zeit in der Nähe eines solchen Gewässers zum Beispiel auf Sauen an, so verstummt der Lärm der versammelten Vogelwelt nicht eine Minute und das nicht enden wollende „Gack, Gack, Gack" erinnert an den Lärm der kapitolinischen Gänse. Der Begriff „Schlaf"-Gewässer ist dabei relativ zu sehen.

Zum Aufgang der Gänsejagd hatte ich, wie schon in den Jahren zuvor auch, eine Einladung zum Morgenansitz am Rande des Rietzer Sees erhalten. Bis zum Ende der 1970er Jahre war dort auf den angrenzenden großen Wiesen und Ackerflächen die Großtrappe noch Standwild und regelmäßig zu beobachten. Alte Trapphähne können ein Gewicht von knapp 17 kg erreichen und sind damit die schwersten flugfähigen Vögel der Welt. Noch heute habe ich die Bilder vor Augen, wenn sie beim Abstreichen Anlauf nahmen und sich, schwerfällig mit den Flügeln rudernd, in die Luft erhoben.

Die Hegegemeinschaft Jeserig/Schenkenberg gab sich die Ehre und es gab viele Gründe, weshalb sich die geladenen Gäste zu diesem Ereignis nicht lange bitten ließen: Nicht jeder hatte in seinem Revier die Möglichkeit, der Gänsejagd nachzugehen und fieberte eben deshalb den kommenden Ereignissen entgegen. Außerdem ergab sich spätestens beim Schüsseltreiben die Möglichkeit, in geselliger Runde alte Jagdfreunde wiederzusehen und Neuigkeiten auszutauschen.

Das Dorf schlief an diesem Novembermorgen noch, als wir uns noch lange vor dem Hellwerden am Sammelplatz trafen. Nach kurzer Begrüßung durch die Jagdherren gab Jagdfreund Bernd im Licht der Hoflampen noch einige Erläuterungen zur bevorstehenden Jagd: Keinesfalls die ersten, einzeln anfliegenden Gänse, die Späher, beschießen. Vor dem Schuss solange wie möglich in guter Deckung bleiben und keinesfalls zu hoch fliegende Gänse beschießen. Getroffene Gänse, die nicht auf der angrenzenden Wiese niedergingen, würden mit Vorstehhunden nachgesucht. Deshalb sollte sich jeder die Stellen merken, wo sie im Schilf und Rohrdickicht niedergingen, um den Hunden die Arbeit zu erleichtern.

Die Gänse bevorzugten beim morgendlichen Verlassen des Gewässers bestimmte, immer gleiche Flugrouten und orientierten sich dabei an besonderen Geländemarkierungen, wie zum Beispiel ein Weidengebüsch. Mein Stand an jenem Morgen befand sich neben einem solchen. Während ich dem Lärm der erwachenden Vogelwelt auf dem See lauschte, begann es langsam zu dämmern. Die Läufe meiner Doppelflinte waren mit 3,5-mm-Schrot geladen.

Inzwischen nahm der Lärm auf dem See zu, und einzelne Gänse überflogen in ziemlicher Höhe das Schilf, aber alle Schützen hielten Disziplin und ließen sie unbeschossen passieren. Schließlich kündigte ein donnerndes Geräusch den Abflug der ersten himmlischen Heerscharen an. So ähnlich müssen die Posaunen von Jericho geklungen haben. Es waren so viele Gänse im Anflug, dass mir schier die Augen übergingen. Aber während die Gänse bei nebligem oder stürmischen Wetter eher niedrig fliegen, kamen sie an jenem Morgen relativ hoch und so mancher Schuss ging daneben. Auch an das Vorhaltemaß musste ich mich erst noch gewöhnen, es fehlte eben doch die Routine.

In der Ferne konnte ich eine saubere Doublette beobachten, radschlagend stürzten zwei Gänse auf die Wiese, neben dem Schützenstand. Im nächsten Moment flogen vier Gänse meinen Nachbarn an. Während seine Schüsse daneben gingen, trafen meine Schrote die letzte Gans spitz von hinten, sodass sie mausetot auf der Wiese hinter mir niederging. Wie die unterseits stark ausgeprägte schwarze Querbänderung des Gefieders verriet handelte es sich um eine Blessgans.

Immer wieder war zu hören, wie sich neue Schwärme vom Wasser erhoben. Aber sie waren durch die Knallerei gewarnt worden und passierten die Schützenkette meist erst, nachdem sie sich noch über dem See in die Höhe geschraubt hatten.

Dazwischen ertönten die Fanfahren der mitfliegenden Kraniche und gaben dem stimmungsvollen Morgen ein besonderes Gepräge. Mir hatte der Morgenansitz eine Gans beschert, eine zweite, die im Schilf vor mir niederging, konnte der Hund leider nicht finden. Als schließlich nach der Rückkehr Strecke gelegt wurde und die Signale „Flugwild tot" und „Jagd vorbei" ertönten, lagen neun Gänse auf der Strecke und der zweite Teil des Morgenansitzes begann: Das Schüsseltreiben am flackernden Lagerfeuer, bis schließlich am späten Vormittag die letzten Teilnehmer die Heimfahrt antraten. Sie nahmen die Erinnerung an einen besonderen Jagdtag mit, schon in der Vorfreude auf das nächste Jahr.

Drei auf einen Streich

Die ersten Oktobertage waren ins Land gezogen und verwöhnten die Menschen mit sonnigen, windstillen Tagen. Vom wolkenlosen blauen Himmel tönen die Rufe der nach Süden ziehenden Wildgänse auf die Erde herab und das „Giijak, Giijak, Giijak" ihrer Rufe mischte sich häufig mit den Trompetenstößen der Kraniche, die in großen Trupps über dem See kreisten. Sie alle spürten den nahenden Winter und nutzten die letzten schönen Tage, um Kraft für die weite Reise in ihre südlichen Winterquartiere zu sammeln.

Der September hatte noch einmal in verschwenderischer Fülle seine Gaben verteilt. Die Eichen hatten reiche Frucht getragen wie lange nicht mehr. Und wo sich vereinzelt starke Buchenstämme erhoben, lag der Waldboden darunter voller Bucheckern. Auch für seine gefiederten Freunde hatte der Wald umsichtig gesorgt. Überall leuchteten die roten Beeren der Ebereschen in den Beständen, als wollten sie sicher gehen, dass niemand sie übersieht. Und in feuchten, moorigen Senken glänzten die dunklen Beeren des Holunders und lockten massenweise Stare und Amseln an.

Auch ich hatte das Überangebot an Eicheln genutzt, um damit eine ganz bestimmte Kirrung zu beschicken. Für die verwöhnten Schwarzkittel gab es keine bessere Lockspeise. Zwar nutzen sie bei reichlicher Eichelmast lieber das gedeckte Buffet im Wald, denn dass Kirrungen gefährliche Orte sind, wissen sie aus leidvoller Erfahrung und verhalten sich dort meist sehr vorsichtig. Ältere, erfahrene Sauen meiden sie bei ausreichend Feld- oder Waldmast von vornherein oder erscheinen erst dann, wenn Himmel und Erde eins sind.

Und gerade aus diesem Grund setzte ich gewisse Hoffnungen auf einen Ansitzort, der erst vor Kurzem hergerichtet worden war und der für das Wild noch nicht mit dem Ruch der Gefahr umweht war.

Am Rand eines ehemaligen Munitionsdepots der Nationalen Volksarmee (NVA), umgeben von ausgedehnten Kiefernwaldungen sowie Laubholzpartien, hatte ich im Frühjahr einen recht hohen offenen Leitersitz errichtet. Nicht weit entfernt vom Bohnenländer See, in dessen Umgebung ein ausgedehntes

Erlenbruch und mit Schilf bewachsenden Partien dem Schwarz- und Rehwild ungestörte Einstände boten, war hier durchaus mit Jagderfolg zu rechnen.

Wie die Fährten verrieten, hatten sich auch tatsächlich in den Tagen zuvor bereits schwarzborstige Besucher an der gedeckten Tafel eingefunden. Es war also an der Zeit, etwas zu unternehmen. Und so fand mich der nächste Sonntagmorgen noch vor Beginn der Morgendämmerung auf meinem luftigen Sitz. Der Lärm, den die zahlreichen Gänse und Kraniche auf dem unweit gelegenen See erzeugten, war deutlich bis zu mir zu vernehmen und verstummte in keinem Moment. Aber nicht das war der Grund, weshalb ich zu früher Morgenstunde hier ansaß. So dauerte es auch nicht lange, bis ein leises Tappen an mein Ohr drang. Vorsichtig sichernd, schob sich ein starker Überläuferkeiler hinter einer kleinen Kuschelecke hervor, das Eichelfrühstück hatte es ihm angetan. Noch nie hatte er hier etwas Verdächtiges bemerkt und so begann er unverzüglich, sich ungeniert über die am Boden liegenden Leckerbissen herzumachen. Im Knall des Schusses ging er zwar noch flüchtig ab, kam aber schon nach zwanzig Gängen an einem kleinen Birkenanflughorst zu liegen. Wie sich später zeigte, brachte er immerhin schon respektable 56kg auf die Waage. Automatisch hatte ich nach dem Schuss repetiert, einfach ein Reflex, denn mit weiterem Anlauf rechnete ich keineswegs. Und doch sollte ich eines Besseren belehrt werden.

Während ein diesig dunstiger Morgen heraufzog, schienen sich die Ereignisse nach 20 Minuten zu wiederholen. Aus den halbhohen Kiefern hinter der Kirrung, drang erneut ein leises Tappen an mein Ohr. Schon schob sich zwischen den Zweigen ein dunkler Wildkörper hervor. Lange verhoffte das Stück und sicherte, während ich mucksmäuschenstill saß und kaum zu atmen wagte: aus Sorge, den „Überläufer Nr. 2", denn um einen solchen handelte es sich bei dem morgendlichen Gast, zu vergrämen. Aus irgendeinem Grund zeigte er jedoch kein Interesse, die niedrigen Kiefern zu verlassen und nahm stattdessen einen im Hochwald gelegenen Malbaum an. Dorthin anhaltend, erwartete ich ihn bereits mit gestochener Büchse und konnte ihn mit einem gezielten Schuss in die ewigen Jagdgründe befördern. Vom Wildbret her war er sogar noch etwas stärker als sein Vorgänger. Die unregelmäßige Begrenzung der Schneidezahnreihe im Unterkiefer wies beide Stücke eindeutig als Überläufer aus.

Nachdem sie vor einiger Zeit den Rottenverband verlassen mussten, hatte die kritischste Phase im Leben der heranwachsenden Keiler begonnen. Ohne die Erfahrung und den Schutz der Leitbache waren die Verstoßenen vielfachen Gefahren ausgesetzt. Anfangs, im Sommer und Frühherbst, noch in Überläuferrotten von zwei bis vier Stück unterwegs, zogen sie von Oktober bis November nur noch einzeln ihre Fährte. Die Einzelgängerzeit der männlichen Stücke hatte begonnen. Von der Rauschzeit abgesehen, würden sie ihr weiteres Leben abseits der Rottenverbände fristen.

Gerade wollte ich abbaumen, um die Sauen in Augenschein zu nehmen und zu versorgen, als mein Ohr erneut ein leises Geräusch wahrnahm. Genau auf dem Wechsel der beiden Sauen, erschien Reineke Rotvoss auf dem Plan, so als ob er die beiden Schüsse gehört hatte und nach dem Verursacher suchen wollte. Lange Zeit zum Überlegen blieb mir nicht, denn der Fuchs auf der Kirrung ist von flüchtiger Moral. Einige Male über den Platz geweht und schon ist er wieder verschwunden, ganz im Gegensatz zu seinem Vetter, dem Dachs. Der ist deutlich dickfelliger und es macht ihm durchaus nichts aus, sich zwanzig Minuten oder länger am gedeckten Gabentisch aufzuhalten. So dauerte es auch nicht lange und im Knall des Schusses machte Meister Reineke sein Testament.

Angesichts dieser gewiss nicht alltäglichen Morgenstrecke kam mir erst später zu Bewusstsein, dass die Reihenfolge der beteiligten Akteure eigentlich umgekehrt hätte sein müssen. Häufig folgt auf der Spur des Fuchses, so er denn unbeschossen passieren darf, die Sau. Hier war es genau umgekehrt. Und es bestätigte sich eine alte Erfahrung, die außer mir auch andere Weidgenossen bestätigen können: In den frühen Morgenstunden zieht das Wild vertrauter.

Gedanken zur Jagd

Was den Weidmann Freude an der Jagd empfinden lässt, während andere dieser Tätigkeit nichts abgewinnen können oder sie sogar ablehnen, darüber ist schon viel Papier beschrieben worden. Eines scheint sicher: Die Entwicklung der Menschheit in sprachlicher, kultureller, handwerklicher und künstlerischer Hinsicht wäre ohne jagdliche Betätigung unserer Ahnen völlig anders verlaufen. Die Jagd und die Jagdleidenschaft unserer Vorfahren bestimmte über zehntausende von Jahren das Verhältnis des Menschen zur belebten Natur.

Ein Heimfinden in die Kindheitstage ist die Jagd. Nicht in die Kindheitstage des Einzelnen, sondern in die der Menschheit. So definierte es seinerzeit der Siebenbürger Otto Alscher. Und wer heute diese Tätigkeit ausübt, der geht der eigentlichen angestammten Tätigkeit seiner Art nach. Die ältesten Kunstwerke oder Gebrauchsgegenstände der Menschheit, jahrtausendalt, haben einen jagdlichen Bezug. In Form von Felsen- oder Höhlenmalereien, Skulpturen, primitiven Musikinstrumenten oder Jagdwaffen kann man sie heute noch bewundern. Die umfangreichste und älteste Zunftsprache mit circa 6000 Ausdrücken hat sich in Deutschland bis heute erhalten, die Weidmannsprache. Viele Redewendungen haben Eingang in die Alltagssprache gefunden, wie zum Beispiel etwas „aufs Korn nehmen" oder sich etwas „durch die Lappen gehen lassen". Mit Jagdsignalen verständigten sich schon die Jäger im Mittelalter. So heißt es zum Beispiel im „Nibelungenlied" aus dem 12. Jahrhundert:

„Nun wollte Gunther kund tun, den Waidgesellen all,
dass er zu Speisen wünschte, da ward ein Hornsignal,
einmal mit Macht geblasen, das scholl weit übers Land.
Sie wussten nun dass Gunther, sich an der Lagerstatt befand."

Ich könnte noch viele Beispiele anführen, welche die Rolle der Jagd bei der Entwicklung der Menschheit von der Frühzeit bis zur Gegenwart belegen. Allen wäre gemeinsam, dass sie sich durch historische Funde, wie zum Beispiel mehr als 20.000 Jahre alte Höhlenmalereien, nachweislich belegen lassen und somit rational nachvollziehbar sind.

Und genau an dieser Stelle enden alle mir bekannten Versuche, die Jagd erklären zu wollen bzw. zu legitimieren. Es gibt nämlich noch einen anderen, nicht minderwichtigen Aspekt, der bislang keine gebührende Berücksichtigung fand.

Entwicklungsgeschichtlich bzw. phylogenetisch ist der Drang zu Jagen dem Triebleben des Menschen zuzuordnen. Triebe sind, ähnlich dem Instinkt, als eine Art Sicherung zur Erhaltung des Lebens des Individuums zu betrachten. Neben dem Jagdtrieb gibt es noch andere mit sozialer Bedeutung: Spieltrieb, Mitteilungstrieb, Fortpflanzungstrieb, Wandertrieb und andere. Allen Trieben ist gemeinsam, dass sie schon im Tierreich zu erkennen sind und gebieterisch Erfüllung verlangen, was Lustgefühle erzeugt. Unterdrückung erzeugt Abwehr oder Unlust. Sie wohnen dem Individuum inne und sind verstandesmäßig, also rational, nicht zu erklären.

Wenn man also versucht, die Jagdleidenschaft des Langen und des Breiten entschuldigend mit reinen Vernunftgründen zu erklären, wird man scheitern. Man jagt also nicht, um Verbissschäden in der Forstwirtschaft zu reduzieren oder die Verlustrate an landwirtschaftlichen Kulturen zu minimieren, sondern aus Leidenschaft. Und darin ähneln wir unseren fernen Vorfahren. Nur mit dem Unterschied, dass diese gleichzeitig dem Zwang unterlagen, sich mit dem erlegten Wild die Existenz zu sichern, indem das Wild der Nahrungsbeschaffung diente.

Der primitive Jäger kannte und kennt bis heute keine Jägerprüfung, Schonzeit oder weidgerechte Jagd nach heutigen Maßstäben. Er erbeutete, was er kriegen konnte, mit archaischen Methoden: Fallgruben mit spitzen Pfählen, Giftpfeilen, Schlingen, Hetzen bis zur Erschöpfung und ähnliches. Die Buschmänner in der Kalahari oder die Pygmäen im Ituri-Urwald des Kongobeckens praktizieren dies noch heute.

Der Jäger von heute jagt nach strengen Regeln, die bis ins Detail vorgeschrieben sind. Kaum ein Nimrod erlegt Wild, um vorrangig seine Ernährung sicherzustellen. Er ist an Schonzeiten und Abschusspläne gebunden und muss seine jagdliche Eignung in einer strengen Prüfung nachweisen. Jagdwaffen und optische Hilfsmittel haben eine fast nicht zu steigernde Präzision erreicht. Und trotz allen Fortschrittes gibt es etwas, das uns mit unseren fernsten Ahnen verbindet: die triebbedingte Leidenschaft, dem Wild nachzustellen und es zu erlegen.

Wie gesagt, mit dem nüchternen Verstand nicht völlig zu erklären, denn nicht jedem Erdenbürger ist diese Eigenschaft mit in die Wiege gelegt worden. Und wer sie nicht hat, der bekommt sie auch nicht. Es ist ein bisschen so, wie bei der Ausbildung von Jagdhunden. Man kann sie zwar bremsen, aber nicht schieben. Das heißt, aus einem Welpen, dem der Jagdtrieb nicht angewölft ist, wird nie ein vollwertiger Jagdhund.

Und noch ein Aspekt erscheint mir wichtig. Jagd heutzutage heißt nicht nur, dem Wild nachzustellen, sondern es auch samt seiner Umwelt zu hegen, sich an ihm und seiner Umgebung in Wald und Feld zu erfreuen und naturliebhabende Mitmenschen daran teilhaben zu lassen.

So gesehen, gehört das Wild im Wald wie die Vögel und Insekten in der Luft und die Fische im Wasser zu dem natürlichen Umfeld des Menschen und stellt eine wertvolle Bereicherung seiner Erlebniswelt dar. Unabhängig davon, in welcher Weise seine notwendige Bewirtschaftung erfolgt, ist Wild im wahrsten Sinne des Wortes Volks- oder Gemeineigentum und sollte in der Zukunft auch als solches erhalten bleiben.

Erwischt auf dem Rückwechsel

Mitten auf dem Acker reckt eine alte Eiche ihre knorrigen Äste gen Himmel. Wie ein Wahrbaum aus alten Zeiten trotzt sie dort den Unbilden der Jahreszeiten gleich einer alten Trutzburg. So manches kleines Geheimnis hat sie in ihrem langen Leben schon erlebt, könnte sie erzählen. Von strengen, schneereichen Wintern früherer Zeiten wüsste sie zu berichten, wenn sich der Fuchs an unter dem Schnee begrabenes Fallwild heranmachte. Oder wenn Ende März die Nebelkrähe ihr liederliches Nest aus kleinen Zweigen in einer Astgabel anlegt und mit der Brut beginnt. Wenn im Hochsommer der Bock im Halmenmeer der großen Getreideschläge zu ihren Füßen treibt oder im Herbst der Sturmwind sein Lied in den Ästen der Baumkrone geigt. Ein wackliger Leitersitz schmiegte sich an seine raue Rinde an, ein Andenken an meinen Vorgänger, seit ich das Revier vor einigen Jahren übernahm. Obwohl der Standort der alten Eiche einen weiten Rundumblick gewährte, hatte ich dort noch nie einen Ansitz verbracht, ohne es mir genau erklären zu können. Mag sein, weil sich die Jagdgebietsgrenze nicht weit genug entfernt befand. Knapp 200 m weiter verlief sie durch freies Feld, kein Steg oder Weg verriet sie.

Aber jetzt, kurz nach Aufgang der Bockjagd sollte es doch soweit sein. Eine kritische Inspektion vor einigen Tagen hatte ergeben, dass der Leitersitz nach Auswechseln zweier Sprossen ausreichend Sicherheit bot. Zugleich ließ er eine fantastische Aussicht zu. Alles in allem konnte ich den Morgenansitz am Wochenende mittlerweile kaum erwarten. Leider kostet mich das frühe Aufstehen jedes Mal Überwindung, aber das unmittelbare Naturerlebnis, wenn noch im Dämmerlicht der volltönende Gesang der Singdrossel ertönt, aus dem man mit etwas Fantasie die Worte „Judith, Judith" heraushören kann, ist viel intensiver als zu jeder anderen Tageszeit – jedenfalls empfinde ich es so.

Als ich am nächsten Morgen vor die Haustür trat, kündigte ein heller Schimmer im Osten schon den nahenden Tag an. Es musste bis vor kurzem noch geregnet haben, denn alles ringsherum war nass und feucht. Vom Dachfirst klang das anspruchslose und eigentümlich scheuernde Lied des Hausrotschwanzes durch die Stille, als wolle mir der Vogel Glück auf dem Weg wünschen.

Das Auto hatte ich in beträchtlicher Entfernung vom Roggenschlag entfernt in guter Deckung abgestellt, sodass ich den Sitz erst erreichte, als die Morgendämmerung voll angebrochen war. Beim Anmarsch erinnerte ich mich beim Gang durch das taunasse Getreide an eine alte Bauernweisheit: Am 1. Mai soll die Saat bereits eine Höhe erreicht haben, dass sich eine Krähe darin verstecken kann. Das war hier gewiss der Fall. Obwohl ich am Vortrag noch einige störende Äste entfernt hatte, saß ich gut gedeckt in der Krone der alten Eiche.

Der Sitz schien ausreichend stabil und ich fühlte mich sicher und geborgen wie in Abrahams Schoß, als ich der weiteren Dinge harrte. Die Sicht war ausgezeichnet, der weite Getreideschlag grenzte linker Hand, in Richtung eigenes Jagdgebiet, nach 500 m an eine große Wiesenfläche, die wiederum von einem Erlenbruch begrenzt wurde. Eben drang von dort der Ruf eines Kuckucks an mein Ohr. Er konnte noch nicht lange aus seinem afrikanischen Winterquartier hier eingetroffen sein. Wenn sein Ruf erstmalig im Frühjahr ertönt, so eine andere Bauernregel unserer Altvorderen, darf der Schinken vom winterlichen Schlachtfest angeschnitten werden.

Im Augenblick interessierte mich aber mehr, was das schwärzliche Gewimmel am 150 m entfernten Waldrand bedeuten sollte. Irgendetwas Undefinierbares ging dort vor sich, aber ich wurde nicht recht schlau daraus. Aber jetzt! Zum Donnerwetter, die trügerische Fata Morgana nahm die Konturen eines starken Schwarzkittels an, der in langsamem Troll in einer Fahrspur im Getreide in meine Richtung wechselte.

Zweifellos handelte es sich um einen Keiler. Sollte er die Richtung beibehalten, würde er meinen Sitz in 20 m Entfernung passieren. Schon oft hatte ich im Frühjahr oder Sommer in Getreideschlägen und auf Wiesenflächen morgens Sauen gesichtet, die sich auf dem Rückwechsel zum Tageseinstand verspätet hatten. Stets war mir dabei, wie auch an diesem Morgen, eine gewisse Vertrautheit der Sauen aufgefallen und einige Male bin ich dabei zum Jagderfolg gekommen. Einmal gelang mir sogar eine Doublette, kurz bevor die Rotte nach Verlassen des Halmenmeeres im Nesselgestrüpp des Seeufers entschwand.

Sollte sich das Jagdglück heute wiederholen? Der Keiler war jetzt auf gute Schussentfernung heran. Ich führte damals eine Büchse mit Deutschem Stecher. Ein leises Knacken nach Zurückziehen des hinteren Abzuges zeigte an, dass das Stechschloss jetzt gespannt war. Ein leichter Fingerdruck am vorderen Abzug würde nun genügen, den Schuss auszulösen. Als wären ihm diese Zusammenhänge wohlbekannt, verhoffte der Keiler im Morgendunst plötzlich und gab mir so die Möglichkeit, den Schuss loszuwerden. Die Kugel musste die Wirbelsäule getroffen haben, denn der Getroffenen ließ ein schrilles Klagen hören und fuhr auf den Vorderläufen im Halbkreis herum.

Ich hatte noch im Nachhall des Schusses repetiert und der Fangschuss auf den Halsansatz ließ die schwarze Masse an Ort und Stelle in sich zusammensinken. Dort, wo ich den Keiler das erste Mal in Anblick bekam, stieß ein kleiner Fichtenhorst an den Feldrand. So hatte es geschehen können, dass sich der morgendliche Wanderer unsichtbar dem Rand der Ackerfläche nähern konnte und gewissermaßen unverhofft auf der Bildfläche erschienen war. Vermutlich wollte der Keiler im großen Bogen die angrenzende Wiese überqueren, um im dahinterliegenden Erlenbruch seinen Tageseinstand zu beziehen. So endete der kühle Maimorgen damit, dass statt des erwarteten Bocks ein respektabler Keiler auf der Strecke lag, was wiederum dazu führte, dass Jagdfreund Karl-Heinz seinen Sonntagmorgenschlaf unterbrechen musste, um beim Bergen der Jagdbeute mit Hand anzulegen.

Blattzeit

Ein kaum vernehmbares leises Rauschen fast unter meinem Hochsitz ließ mich vorsichtig meinen Kopf wenden, um in das Gewirr von Disteln und fast mannshohen Brennesselstauden zu spähen. Aber außer dem Tanz einiger Schmetterlinge war nichts Auffälliges zu erkennen. Schon geraume Zeit hielt ich an dieser unzugänglichen Stelle Wacht. So manchen Bock hatte ich da in den vorangegangenen Jahren hier in Anblick gehabt und auch einige davon erlegen können.

Jetzt aber, Ende Juli, begann die Blattzeit. So bestand die Möglichkeit, einen alten und vorsichtigen Geheimrat zu erblatten. Im Rest des Jahres verlassen diese Schlaumeier ihre heimlichen Einstände erst, wenn die Stunde der Uhlenflucht naht, es nicht mehr Tag und noch nicht Nacht ist und lange vor Eintritt des Büchsenlichts ziehen sie wieder ihren Tageseinständen zu. Nur zur Brunftzeit bekommt man sie mit etwas Glück zu Gesicht, wenn sie ihre Vorsicht ablegen und sich für kurze Zeit dem Minnedienst ergeben und in fremden Gefilden wandeln. Dann folgen sie erwartungsvoll, meist vorsichtig sichernd, den lockenden Fieptönen der Rehschönheiten. An diesem Morgen rechnete ich allerdings nicht mehr mit Erfolg, denn die letzte Fiepserie lag schon länger als eine halbe Stunde zurück. Wenn ein Bock in der Nähe stünde, würde er gewiss doch wohl schon erschienen sein. In dem Geknick um mich herum, wo selbst Fuchs und Marder nicht lautlos vorankommen konnten, ertönte wieder leises Geräusch wie von ziehendem Wild. Diesmal sah ich einen rötlichen Wildkörper sich langsam Richtung Wiese entfernen. Von oben war deutlich zu sehen, wie sich der starke Bock, immer wieder verhoffend, vorsichtig durch Gestrüpp- und Staudenwildnis schob. Ans Schießen war in dieser Wildnis nicht zu denken, zudem zog das Stück spitz von mir weg. Dass es aber ein alter Sechserbock mit starken, weit überlauscherhohen Stangen war, ließ sich zweifelsfrei erkennen.

Eine eigentümliche Situation: Der Bock wähnte sich unsichtbar und völlig sicher, und trotzdem hatte er sich durch die nachgeahmten Fieplaute des Jägers betören lassen. Irgendwie hatte ich ein schlechtes Gewissen und das Gefühl, dass der Zweikampf Wild gegen Jäger in diesem Falle mit ungleichen Waffen geführt wurde. Gegen die gesunden Instinkte und Sinne des Wildes, denen des Menschen haushoch überlegen, hatte dieser List und Tücke gesetzt.

Dem Bock waren solche Überlegungen gewiss fremd, denn er verließ jetzt die Sicherheit der Brennnesselwildnis, um einen schmalen Wiesenstreifen zu überqueren und in der dahinterliegenden Kieferndickung einzutauchen. Kurz davor verhoffet er urplötzlich und sicherte mit aufgestellten Lauschern und vorgerecktem Windfang starr nach rechts. Irgendetwas musste seine Aufmerksamkeit erregt haben. Dies war meine Chance. Gellend peitschte der Schuss durch den erwachenden Tag und zerschnitt den Lebensfaden des heimlichen Alten. Die Trophäe hielt, was sie versprochen hatte: ein starkstangiges, gut verecktes Sechsergehörn mit weiter Auslage. Eines von der Sorte, wie man es aber mit Sankt Huberti Hilfe nur in der Blattzeit erbeutet.

Wenn ich heute auf die zahlreichen von mir gestreckten Böcke zurückblicke, dann waren die Stärksten allesamt in der Blattzeit erlegt. Manchmal half der Gebrauch des Blatters, sie zu übertölpeln, aber ein Zaubermittel war auch dies nicht immer. Meist näherte sich der herangeblattete Bock vorsichtig sichernd. Und nicht selten verdrückte er sich ebenso leise wieder oder sprang schreckend ab, wenn ihm der küselnde Wind Gefahr verhieß. Einmal erlebte ich es, dass mich ein brunfttoller Bock keuchend und mit offendem Äser stichgerade anlief. Man hätte ihn mit der Hand berühren können, ohne dass er davon Notiz genommen hätte.

Den gewiss seltenen Fall, dass die führende Ricke den treibenden Bock hinter sich herzieht und der Jäger sie mit den Kitzangstgeschrei wieder zum Stand der Kitze zurückbringt, den Bock im Gefolge, habe ich in eindrucksvoller Weise selber erlebt. Ich stand während dieser aufregenden Attacke auf dem großen Wurzelteller einer riesigen umgestürzten Kiefer und konnte den Schuss auf den im Unterwuchs treibenden Bock einfach nicht loswerden.

Brunftnachlese

Die Damwildbrunft neigte sich dem Ende zu. Bald würde es wieder ruhiger zugehen im Revier. Die meisten Hirsche würden abwandern und ihre entfernten Winterquartiere beziehen, aber spätestens Ende November haben auch die letzten das Revier verlassen und sind, bis auf Ausnahmen, verschwunden. Erst zum Aufgang der Jagdzeit im Folgejahr würden sie sich bis auf Ausnahmen wieder einstellen. Noch aber war ein unverhofftes Zusammentreffen mit einem jagdbaren Schaufler möglich, noch konnte man solch einen antreffen auf seiner Suche nach einem vereinzelten brunftigen Stück Kahlwild.

Ich wollte das ruhige Herbstwetter am Wochenende ausnutzen, denn in den nächsten Tagen war Landregen angesagt, da war kaum mit Anblick zu rechnen. Obwohl ich mich häufig in den zurückliegenden Wochen im Revier aufgehalten hatte, war die bisherige jagdliche Damwildausbeute eher bescheiden ausgefallen. Ein Spießer im Mai auf der großen Wildwiese und ein kümmerlicher Knieper mit abgebrochener rechter Stange gleich zum Aufgang der Jagd waren die ganze Herrlichkeit. Aber vielleicht lächelte mir die launische Diana heute zu. Die Erfolgsaussichten waren jetzt, gegen Ende der Brunft, überall gleich gut oder gleich schlecht. Ich konnte mich am Gestellkreuz ansetzen, dort kreuzen mehrere Wechsel in guter Schussentfernung die breiten Schneisen zwischen den Dickungen. Man musste allerdings schnell ansprechen und gegebenenfalls schießen können, sonst war häufig eine gute Gelegenheit verpatzt.

Außerdem war die Kanzel schon etwas in die Jahre gekommen und einige Leitersprossen bedurften dringend der Erneuerung. So wählte ich die sichere Variante und bezog einen Drückjagdstand zu ebener Erde. Gerade vor mir zog sich eine breite Schneise hin, die auf einer Seite von einem Kiefernstangenholz und auf der anderen von einem etwa 70-jährigem unterwuchsfreien Kiefernaltholzbestand begrenzt war. Verhältnisse, wie sie dem Damwild durchaus zusagen.

Kaum hatte ich mich auf meinem Stand häuslich eingerichtet, begann im Stangenholz ein Hirsch, mit tiefer, voller Stimme zu melden. Immer wieder, von Pausen unterbrochen. Er war vielleicht 150 m entfernt und es wäre völlig unmöglich gewesen, ihn in dem dichten Zeug etwa anzugehen. Es blieb nur abzuwarten und zu hoffen, dass der schreiende Hirsch näher ziehen würde. Vorerst passierte hingegen nichts. Das Rufen hatte aufgehört, und ich konnte mir die Zeit mit dem leisen Gewisper mehrerer Goldhähnchen in den Baumkronen unmittelbar vor mir vertreiben, von dem es heißt, es sei so fein wie gesponnenes Glas.

Zum wiederholten Male hatte ich die Umgebung meines Ansitzes mit dem Glas abgeleuchtet, als plötzlich wie aus dem Nichts, ein dunkles, fast schwarzes Alttier circa 100 m vor mir auf der Schneise stand und zu äsen begann. Wo ein Tier ist, kann der Hirsch nicht weit sein, ging es mir durch den Kopf. Nach kurzer Zeit trat aus dem Schatten des Stangenholzes ein Schaufler heraus und bot mir eine Minnevorstellung, wie ich sie bisher noch nicht erlebt hatte: Durch das zehnfach vergrößernde Jagdglas waren die hochangesetzten Karoschaufeln des Geweihs gut zu erkennen, also ein Hirsch mit schlechter Veranlagung und dem Erscheinungsbild nach im gehobenen Mittelalter anzusiedeln. Mit hochgerecktem Haupt und Träger, den Wedel steif nach oben gerichtet, umkreiste er in langsamem Stechschritt zweimal das Alttier, sein Blick schien ins Nirgendwo gewandt. Er erinnerte an ein Zirkuspferd in einer Manege, das im Takt der Musik seine Runden dreht. Es fehlte nur noch der wippende Federbusch auf dem aufgezäumten Haupt und die Darbietung wäre perfekt gewesen.

Nach der zweiten Runde, das starke Alttier hatte sich langsam in Richtung Hochwald entfernt, schien der Schaufler aus dem Traumzustand zu erwachen und folgte, in 20 m Abstand immer noch im „Exerzierschritt", seiner Angebeteten. Er war völlig auf das brunftige Alttier fixiert und schien seine Umgebung gar nicht wahrzunehmen. Das Absehen meines Zielfernrohrs stand auf seinem Blatt, als der Hirsch in einer Baumlücke kurz verhoffte. Im Knall des Schusses machte der Schaufler einen richtige Rumpler nach vorn und entschwand mit unsicheren Fluchten nach 150 m zwischen den Kieferstämmen.

Den Schuss hatte er, da war ich mir sicher, aber würde er auch liegen? Nach der obligatorischen Wartepause begann ich langsam und aufmerksam der Fluchtfährte zu folgen. Neben einem zu ebener Erde gelegenen, schon arg ramponierten Drückjagdsitz ließ mich eine innere Stimme verhoffen. Da in der Nähe hatte ich den beschossenen Hirsch aus den Augen verloren.

Während ich regungslos verharrte und mit den Blicken aufmerksam das Gelände des Hochwaldes vor mir musterte, drang mehrmals ein leises, kaum wahrnehmbares Geräusch an mein Ohr. Es schien aus einer Ansammlung alten Fallholzes zu kommen, keine 50 m entfernt. Was sich dort kaum merklich bewegte, war kein Ast, sondern wahrhaftig eine Schaufel. Als ich an den alten Kämpen herantrat, war er bereits verendet; aber mit seinen letzten Bewegungen, vermutlich nur noch Reflexe, hatte er mir seinen letzten Standort verraten.

Es ist wahr: Reife und kapitale oder überalterte Trophäenträger, beim Schalenwild bekommt man, von Ausnahmen abgesehen, fast nur in dem engen Zeitfenster, welches Brunft- oder Rauschzeit vorgeben, in Anblick. Es mag Leser geben, die es unmoralisch finden, dem Wild gerade in seiner Hohen Zeit nachzustellen. Dieses ist aber selber dann nicht chancenlos. Freilich setzt jeder Jagderfolg gute Kenntnisse über die Lebensweise des Wildes voraus und oft auch den berühmten Siebten Sinn. Und jeder Ansitz, den der Jäger als Schneider verlässt, macht ihn deswegen doch nicht dümmer und das wird sicher bei einem der nächsten Male zum Erfolg beitragen.

Unverhoffte Begegnung

Fragend sahen mich die braunen Augen meiner treuen Cocker-Hündin an. Leise fiepend hatte sie natürlich erraten, dass es heute ins Revier ginge. Also wollte sie unbedingt mit. Aber jetzt in der Hochbrunft des Damwildes konnte sie nicht auf dem Ansitz dabei sein, denn der galt heute einem Brunftschaufler.

So entschloss ich mich kurzerhand zu einem kleinen Spaziergang hinter dem Haus, sollte „Senta" auch ihre Freude haben und auf eine halbe Stunde früher oder später kam es jetzt, in der Zeit der Hochbrunft nicht an. Ob morgens oder am hellen Mittag war mit Anlauf zu rechnen, denn in seiner Hohen Zeit ist das Damwild ungemein rege.

Der Kiefernwald begann gleich am Gartenzaun und gemütlich bummelte ich nicht weit vom Grundstück entfernt, einem verwachsenen Waldweg entlang. Der Hund war gerade einen Moment außer Sicht, als plötzlich in großen Sätzen eine schwarz-weiß gefleckte Katze vor mir den Weg überfiel. Schnell war „Senta" gerufen und hatte auch nach kurzem Suchen den Geruch der Gefleckten in der Nase. Im Nu war sie auf und davon und schon ertönte ihr Standlaut. Zweifellos war die Katze aufgebaumt und wurde verbellt. Schnell zwängte ich mich durch die lückigen Kiefernstangen, den Blick immer schön nach oben und prallte plötzlich entsetzt zurück.

Keine 10 m vor mir stand ein wahrer Urian von Keiler, ihm galt der Standlaut der Hündin. Statt an die Katze war sie an das Hauptschwein geraten, das sich hier im Kessel eingeschoben hatte und jetzt war guter Rat teuer. Der Keiler stand ruhig wie ein Denkmal, nur seine kleinen Lichter in dem ungefügen Kopf schienen mich tückisch anzufunkeln. Seine Borsten wirkten stellenweise lang und zottelig, mit einem Stich ins rötliche, fast wie bei einem prähistorischen Wollnashorn. Er mochte sicher weit mehr als 100 kg auf die Waage bringen und war vermutlich acht Jahre oder älter, wer kann das schon so genau schätzen?

Nur kurz währte das Rendezvous, dann wendete der Keiler „auf dem Absatz" und empfahl sich in langsamem Troll. Dabei offenbarte er eine weitere Überraschung: Die Quaste am Pürzel war gelblich-weiß. Bis heute habe ich diese Anomalie nie wieder bei einem Stück Schwarzwild gesehen. Im Allgemeinen bin ich nicht sehr abergläubisch, manchmal aber eben doch. Und so fasste ich diese seltsame Begegnung mit dem Urvater aller Sauen der Umgebung als gutes Omen auf.

Eine gute Stunde später war ich im Damwildrevier angekommen. Nach der Regel müsste auf dem Brunftplatz reges Treiben herrschen, aber seit ein, zwei Jahren verlief die Brunft still, die Anwesenheit der Wölfe forderte ihren Tribut. Aber in der Nähe des Kaisersitzes hatte am Vortag ein Hirsch gerufen, dorthin zog es mich heute. Aufmerksam näherte ich mich der Kanzel und mit einem Tarnschal verblendet harrte ich der weiteren Dinge.

Es war später Nachmittag und eine fast feiertägliche Stille lag über dem Kiefernforst, auf dessen Boden die Sonnenstrahlen rötliche Kringel malten. Dort in der Nähe musste der Hirsch am Abend zuvor gerufen haben, aber nun deutete nichts auf Leben hin. Auch der wiederholte Blick durch das Jagdglas änderte daran nichts. Ein teils verdeckter, umgestürzter Baumstamm, ziemlich weit entfernt, ließ mich jedoch immer wieder an meinen Sinnen zweifeln. Wenn ich nicht genau wüsste, dass es sich um Totholz handelte, hätte ich schwören können, es mit der Hinterpartie eines starken Stückes Damwild zu tun zu haben.

Aber fast 20 Minuten derart reglos verhalten kann selbst ein Schaufler wohl nicht. Oder doch? Ganz unverhofft kam Bewegung in den Baumstamm, der sich nun doch als Hirsch entpuppte und sich so drehte, dass nur Haupt, Träger und Spiegel sichtbar waren, der Rest blieb verdeckt.

Kaum hatte sich meine Aufregung gelegt, knickte der Schaufler in den Vorderläufen ein und bettete sich an Ort und Stelle. Er war völlig vertraut und neigte sein Haupt zum Waldboden, sodass jede der imposanten Schaufeln abwechselnd auf dem Boden lag. Es war ein ungewöhnliches, packendes Bild. Der dösende Hirsch schien Zwiesprache mit sich selbst zu halten, und die Strahlen der untergehenden Sonne im Westen ließen zusammen mit den Säulen der starken Kiefernstämme die Szenerie wie in einer mittelalterlichen Kathedrale erscheinen. Der Schaufler schien die Siesta geradezu zu genießen, fernab von Störungen durch Nebenbuhler, Wölfe oder die verhassten Zweibeiner.

Schließlich neigte sich die Weihestunde ihrem Ende zu. Der Schaufler wurde hoch und diesmal gab er das Blatt frei. Etwas weit war es ja, aber ich war mir meiner Waffe sicher. Im Schuss zeichnete der Hirsch einen guten Blattschuss und nach kurzer Todesflucht kam er torkelnd zum Stehen und sank auf die Seite. Still und stumm, wie ergriffene Trauergäste, standen die Stämme der alten Kiefern ringsum, als ich mich ehrfurchtsvoll dem guten Schaufler näherte und ihm die Totenwacht hielt.

Novemberjagd

Für viele Menschen ist der Frühling die liebste Jahreszeit, wenn die Natur aus ihrem Winterschlaf erwacht und überall neues Leben entsteht. In den Vorgärten entfalten Krokusse und Hyazinthen ihren vergänglichen Blütenzauber und die Forsythien legen ihr goldenes Prachtgewand an. Über Mittag pfeifen die Stare in den noch unbelaubten Allee-Bäumen und der flötende Gesang der Amseln in den Parkanlagen kündigt den Abend an, bevor die volltönenden Strophen der Singdrossel den Tag zu Bette bringen. Zwar ist das Wetter noch häufig unbeständig und besonders der April hält dabei so manche Überraschung bereit, doch wie heißt es so schön:

„Herrengunst – Aprilenwetter

Dauern, wie Rosenblätter,

Nur kurze Zeit."

Aber auch die melancholische Stimmung des Herbstes hat ihren eigenen Reiz, wenn im September die Tage kürzer und die Nächte kälter werden, das Laub an den Bäumen sich zu färben beginnt und die ersten Keile der nach Süden ziehenden Zugvögel am blauen Himmel stehen. So kam mir die Einladung zur Ansitzdrückjagd am letzten Novemberwochenende gerade recht.

Die letzten Tage über hatten wir ruhiges, stilles Herbstwetter gehabt. Alles deutete daraufhin, dass sich daran in den nächsten Tagen kaum etwas ändern würde. Für eine Wildjagd also beste Vorbedingungen, denn einen bevorstehenden Wetterwechsel spürt das Wild schon Tage vorher und lässt es unstet im Revier umherziehen. Gebiete, in denen man vorher auf Schritt und Tritt zum Beispiel mit Damwild zusammentreffen konnte, erscheinen dann wie leergefegt.

Als sich die erwartungsvoll gestimmten Jagdteilnehmer auf dem Vorgelände des alten Schlosses nach und nach einfanden, waren darunter auch einige weitgereiste Gäste aus anderen Bundesländern. Sie hatten in ihren heimischen Revieren ausschließlich Gelegenheit zur Niederwildjagd und konnten so der

Verlockung, eventuell einen Schwarzkittel oder einen Damhirsch zu erlegen, nicht widerstehen. Die Besitzer der benachbarten Eigenjagden, die an diesem Tage bejagt werden sollten, waren darüber hinaus sehr großzügig in ihren Abschussfreigaben und in keiner Weise etwa jagdgnietschig.

Nach Einweisung und Sicherheitsbelehrung konnte es nun also mit geländegängigen Pritschenwagen hinaus ins Revier gehen. Mein Stand war ein ebenerdiger Drückjagdsitz an einem Wegekreuz inmitten eines ausgedehnten Kiefernaltholzes. Anwechselndes Wild müsste also schon auf größere Entfernung wahrgenommen werden können. Es mochten wohl schon 20 Minuten vergangen sein, als weitentfernt die ersten Schüsse zu vernehmen waren. Demnach konnte es wohl noch einige Zeit dauern, bis das Wild hier in Bewegung geraten würde. Dies waren so meine Gedanken, während ich den artistischen Kletterkünsten eines Baumläuferpaares zusah, als plötzlich in weiter Entfernung ein kleines Rudel Kahlwild, immer wieder sichernd, den Weg überquerte. Im Glas konnte ich darunter auch einen Spießer ausmachen.

Noch war ich am Überlegen, denn es mochten gut 150 m bis dahin sein, als unverhofft ein Knieper, ohne anzuhalten, dem Rudel nachzog. Schade war es schon, denn den hätte ich mir auch auf diese Entfernung durchaus zugetraut. Mir ging das Schillerwort durch den Sinn: „Was man von der Minute ausgeschlagen, bringt keine Ewigkeit zurück." Wie um dem Lügen zu strafen, schob sich kurz darauf ein weiterer Hirsch auf die Schneise. Im Glas war zu erkennen, dass er ein schwaches Stangengeweih mit kaum angedeutetem Schaufelansatz trug, also ein zwei bis dreijähriger Abschusskandidat – im Wildbret jedoch deutlich stärker als sein Vorgänger.

Es ist übrigens nichts Ungewöhnliches, wenn nach der Brunft einzelne Spießer und Hirsche vom 2. Kopf sich über Winter bis zum Frühjahr im Kahlwildrudel aufhalten. Solch ein Fall schien hier vorzuliegen. Langsam ging ich mit dem Absehen des 12x vergrößernden variablen Zielfernrohres in den Wildkörper hinein, der jetzt ganz nah zu sein schien, und tippte an den gestochenen Abzug.

Mit einem Aufsteilen zeichnete der Getroffene einen Blattschuss und ich war mir sicher, dass der Schuss im Leben saß, auch wenn der Hirsch es noch über den Weg schaffte und zwischen den Stämmen des Altholzes außer Sicht geriet.

Jeder Jäger kennt das Gefühl, wenn die Spannung nach einem guten Schuss nachlässt und die Schönheiten der Umgebung wieder unbeschwert wahrgenommen werden. Von dieser Anwandlung blieb auch ich nicht verschont. Der hohe Himmel über den Baumwipfeln und das weithin schallende und langgezogene „Kliööh" des Schwarzspechtes hinter mir, all das nahm ich jetzt wieder bewusst und befreit war.

Bei der Einweisung der Schützen zu Jagdbeginn hatte der Jagdherr zwar daraufhin gewiesen, dass reichlich Wild vorhanden wäre, gleichzeitig jedoch gebeten, sich auf zwei Stück Schalenwild pro Schütze zu beschränken. Dieses Ziel sollte ich bald erreicht haben, denn völlig lautlos hatte sich ein kleines Kahlwildrudel meinem Stand von hinten genähert und als es vor dem Überqueren des Waldweges verhoffte, um sich zu orientieren, gelang mir ein sauberer Schuss auf ein Kalb. Es lag nach drei Fluchten.

Die Jagd näherte sich bereits ihrem Ende, in der Ferne war schon der Lärm der Treiber zu vernehmen, als aus einem entfernten, mit Strauchwerk untermischten lückigen Kiefernhorst plötzlich ein starker Keiler hoch wurde und hochflüchtig im Bogen an meinem Stand vorüber rumpelte. Ein Bild wie aus einem Jagdgemälde von Erik Mailick, wie der Keiler mit hochgerecktem Pürzel und offenem Gebrech in weitausgreifenden Fluchten zwischen den Stämmen vorüber flüchtete, um schließlich den Weg linker Hand von mir zu überfallen, bis sich seine Umrisse zwischen den Stämmen verloren.

Dass ihm heute keine Gefahr drohte, konnte er nicht wissen, denn starke Keiler waren nicht freigegeben. Ihr Wildbret wäre zu der Jahreszeit nicht zu verwerten gewesen. Während ein Brunfthirsch, wenn er nur lange genug abgehangen und einige Wochen tiefgefroren wird, halbwegs genusstauglich werden kann, ist dies beim rauschigen Keiler unmöglich. Probiert man es dennoch, zieht man sich nicht nur den Zorn der Hausfrau zu, sondern kann sowohl den Braten als auch das verwendete Kochgeschirr gleich mitentsorgen.

Die Strecke dieses Jagdtages betrug neun Stücken Damwild, drei Sauen und einen Fuchs. Als beim abendlichen Schüsseltreiben im Burghotel das Jagdgericht tagte, herrschte noch einmal ausgelassene Stimmung und alle Teilnehmer waren sich einig: So muss er ausklingen, der Jagdtag im November.

Rotwilderfahrungen

Meine jagdlichen Erfahrungen mit Rotwild möchte ich eher als bescheiden einstufen. Abgesehen von einem mittelalten Achtender von 5 kg Geweihgewicht, den ich Ende der 1990er Jahre in Polen erlegen konnte, kam in den von mir bejagten Gebieten diese imposante Wildart nicht vor. Das änderte sich jedoch, als ich für zwei Jahre Gelegenheit hatte, in einem Rathenower Forstbezirk zu pirschen. Da war Rotwild Standwild, und zur Brunft kamen auch starke Hirsche vor. So erlegte im benachbarten Domstiftsforstamt Seelendsdorf, unweit des Örtchens Pritzerbe, der damalige Leiter der Kreisjagdbehörde Fritz Weise 1983 einen Goldmedaillen-Hirsch. Und Weidgenosse Hasso Schumann streckte dort zwei Jahre später einen ungeraden 16-Ender, seinen Lebenshirsch. Die Erlegung dieses Kapitalhirsches mit allem Drum und Dran hat er in seinem Buch „Von der Ostsee bis zum Erzgebirge" ausführlich beschrieben.

An einem Morgenansitz im Spätherbst kann ich mich noch gut erinnern. Noch vor Tau und Tag hatten drei weitere Weidgenossen und ich unsere Hochsitze bezogen. Meiner befand sich an der Grenze zum Domstiftsforstamt, in der Nähe der sogenannten Pritzerber Lake am Rande eines ausgedehnten Erlenbruchs. Es wurde gerade schummrig, als aus einer verschilften Partie leises Plätschern an mein Ohr drang. Ein größeres Kahlwildrudel, dem sich auch einige Spießer und zwei bis drei jährige Hirsche angeschlossen hatten, näherte sich langsam, ohne jede Eile, meinem Stand.

Bei aller Aufregung, schließlich war dies mein erster Ansitz in diesem für mich neuen Revier, hatte ich genug Muße, das Bild des vertraut äsenden Rudels in mich aufzunehmen. Als Jagdgast wollte ich einen Fehlabschuss natürlich erst recht vermeiden, aber der Schuss auf ein Wildkalb konnte ja nicht falsch sein. Das Stück lag im Knall am Anschuss und ich hatte mein erstes - und einziges - Stück Rotwild im Havelland erlegt. Schwieriger als dessen Erlegung war seine Bergung aus dem unzugänglichen Gelände. Dem für die Hilfeleistung als nächstes in Frage kommenden Weidgenossen konnte ich mich durch Einwinken lange Zeit nicht bemerkbar machen. Er schlief auf seiner offenen Kanzel den Schlaf des Gerechten und im Glas war deutlich zu erkennen, wenn er in den Tiefschlafphasen mit Kopf und Oberkörper nach vorne übersackte und dann ruckartig wieder zurückschwankte. Und da soll noch einer sagen, die Jäger seien nur aufs Schießen aus!

Mitten in dem von mir bejagten Revierteil des Rathenower Forstes lag der „Wildacker", ein knapp ein Hektar großes Stück Ödland ohne Baum und Strauch. An einer Schmalseite, etwas im Baumschatten hoher Kiefern gelegen, befand sich eine gut angenommene Salzlecke. Auf dem Acker selbst fanden sich gelegentlich Rotwildfährten. Nie ist es mir jedoch gelungen, dort ein Stück Rotwild in Anblick zu bekommen, mit einer Ausnahme. An einem Septembermorgen, die Brunft war noch nicht in Gange, hatte ich schon lange vor dem ersten Büchsenlicht die geschlossene Kanzel am anderen Ende des Wildackers, gut 100 m von der Salzlecke entfernt, aufgesucht. Als es zu dämmern begann und die erste Amsel links im Stangenholz tickte, schnürte ein Fuchs von rechts auf dem Wildacker, löste sich an einem Stein und verschwand in aller Seelenruhe im gegenüberliegenden Bestand, als gäbe es weder Kraut noch Lot auf der Welt. Für den Schrotschuss zu weit und mit der Kugel zu ungewiss bei den unsicheren Lichtverhältnissen. Inzwischen wurde es helle. Die Natur ringsum ließ ahnen, dass ein wundervoller Herbstmorgen heraufzog.

Wie ein von Meisterhand modelliertes Denkmal stand urplötzlich ein starker Hirsch hinter der Salzlecke, ich hatte sein Kommen nicht bemerkt. Den Träger mit der besonders im Mittelteil stark entwickelten Brunftmähne hoch erhoben, sicherte er starr in meine Richtung, als wollte er ergründen, ob die Kanzel besetzt wäre. Er trug ein weitausgelegtes 14-Ender Geweih mit doppelter Kronenbildung. Obwohl mir die Erfahrung fehlte, schätzte ich das Geweihgewicht auf ca. 7 kg und das Alter des Hirsches auf nicht älter als vom 7. bis 8. Kopf. Nachdem er stocksteif knappe zehn Minuten in meine Richtung geblickt hatte, zog er sich schließlich in ruhiger Gangart mit nickendem Haupt ins Waldesinnere zurück.

Auf einer Ansitzdrückjagd im selben Jahr kamen mir mehrere Hirsche, die einen Wechsel überquerten, der über einen hohen Erdwall führte und ca. 100 m von meiner Kanzel entfernt war. Leider stand diese nicht so, dass der Wall in

Längsrichtung zu übersehen war, sondern einige Meter zur Seite versetzt. Ein Stück Wild war also nur mit Erfolg zu beschießen, wenn es auf dem Scheitelpunkt verhielt. Auf dieser Jagd waren Hirsche bis zum Eissprossen-Zehner freigegeben. Ein solcher verhoffte auf dem Wall für einige Minuten. Leider war an einen erfolgreichen Schuss nicht zu denken, dafür war mein Standort etwas zu weit zur Seite versetzt. So hatte zwischen Lipp- und Kelchesrand das Schicksal zu meinen Ungunsten entschieden.

Wer auf der Bundesstraße zwischen Brandenburg und Rathenow unterwegs ist, wird kaum auf die Idee kommen, dass in den Wäldern längs der Straße Deutschlands größte Schalenwildart seine Fährte zieht und auch bejagt werden kann. Natürlich gibt es hierzulande oder etwa in Ungarn und Rumänien Rotwildvorkommen von bedeutenderem Rang, aber getreu dem Grundsatz „Sieh, das Gute liegt so nah", müssen es nicht immer kapitale Hirsche sein, die dem Weidmann spannende und erlebnisreiche Pirschen auf das majestätische Rotwild bescheren.

Wohltätigkeit trägt Zinsen

Der nächtliche Ansitz hatte mir keinen Erfolg beschienen. Statt der Sauen war ein junger Bock unverhofft aus dem Schilfgewirr erschienen und hatte die Maisvorräte auf der Kirrung einer Überprüfung unterzogen. Die Schwarzkittel jedoch, denen mein Ansitz eigentlich galt, hatten wieder einmal wie so oft, nicht Wort gehalten und waren nicht erschienen. Dabei waren die Verhältnisse, aus der Sicht des Jägers, nahezu optimal. Es herrschten Windstille und leichter Frost, war aber nicht so kalt, dass es unangenehm gewesen wäre. Seit Tagen bedeckte eine dünne Schneedecke das Land, und während der Mond müde durch die dünnen Wolkenschleier segelte, spendete er ausreichend Licht.

Vielleicht würde es diesmal besser klappen, für alle Fälle hatte ich mich mit Sitzkissen und Decke auf einen längeren Ansitz eingerichtet. Der Hochsitz besaß zwar ein primitives Dach, war ansonsten jedoch nach allen Seiten offen. Anwechselndes Wild war in der nächtlichen Stille ringsumher schon aus großer Entfernung wahrnehmbar, selbst wenn es sich so verstohlen wie der Fuchs nähern sollte.

Lange Zeit blieb alles ruhig, ab und zu knispelte es im Laub am Fuß der alten Eiche, vielleicht war eine Maus beim Nachtmahl. Dann wieder herrschte die lautlose Stille der Winternacht, die nur gelegentlich durch traumverlorenes Hundegebell aus der Ferne unterbrochen wurde. Ein Blick auf die Uhr zeigte mir, dass die Mitternacht herannahte. Plötzlich drang leises Knistern an mein Ohr. Es schien aus dem Röhricht am rechten Rand der kleinen Lichtung zu kommen. Langsam, von Pausen unterbrochen, näherte sich das Geräusch und mein alter Bekannter vom Vorabend betrat die Kirrung.

Während sich der junge Bock sorglos die herumliegenden Maiskörner einverleibte, betrat kurze Zeit später in Gestalt von Reineke Rotvoss sein Komparse die Freilichtbühne und beide Akteure boten mir auf meinem luftigen Logenplatz ein fürwahr seltenes Schauspiel: Immer wieder ging der Fuchs spielerisch den Bock an, der seinerseits mit Scheinangriffen auf die Attacken des roten Freibeuters reagierte. Es war ein amüsantes Bild und erinnerte an das tollpatschige Spiel junger Hundewelpen.

Schließlich wurde es dem Fuchs zu viel und er empfahl sich mit wehender Standarte, während der Bock sein unterbrochenes Abendmahl fortsetzte, bis sich hinter ihm das Gesperre von Stauden und Röhricht schloss.

Im Allgemeinen lege ich mir keine Hemmungen auf, wenn beim Sauenansitz zuerst der Fuchs erscheint. So mancher Rotrock wurde mir auf diese Weise zur Beute. Einige Jäger sehen dies anders und halten aus Sorge, nachfolgende Sauen zu vergrämen, die Schrote in solchen Fällen zurück. Bei den weit über hundert Sauen, die ich bis dato erlegte, hatte ich jedoch nicht den Eindruck, bislang zu kurz gekommen zu sein.

Und im Übrigen: Jede Arbeit ist ihres Lohnes wert und indem ich dem Fuchs in diesem Falle Pardon gewährte, erwies ich dem ungleichen Paar auf diese ungewöhnliche Weise meine Referenz. Vermutlich war es diese vornehme Geste, die mir auf dem späten Rückweg dennoch Weidmannsheil bescheren sollte.

Vorerst lag die mondscheinbeschienene Lichtung wieder unberührt vor mir. Und wenn ich ab und an den Kopf wendete, schimmerten in der Ferne die Lichter aus den Fenstern einiger am Waldrand gelegener Häuser durch die Baumstämme. Einige der dort wohnenden Forstarbeiter hatten hinter ihren Gartenzäunen Dung- und Komposthaufen angelegt – für manche Waldbewohner vom Igel bis zum Wildschwein ein immer wieder gern aufgesuchter Ort. Zwischen den Küchen- und Gartenabfällen fanden sich besonders wohlschmeckende Leckerbissen wie Schlachtabfälle oder Essensreste. Wenn auch dem Schwarzwild nachgesagt wird, es sei ein Allesfresser, so entwickelt es doch, außer in Notzeiten, auch gewisse Vorlieben. Eicheln und Fallobst stehen zum Beispiel ganz oben auf der Wunschliste.

Inzwischen hatte ich drei Stunden auf meiner luftigen Ansitzplattform verbracht und fand, dass es für heute genug wäre und ließ Kissen und Decke im Segelflug zur Erde gleiten. Mit Waffe und Nachtglas behängt, Decke und Kissen unter dem Arm, führte mich mein Heimweg zunächst einige hundert Meter einen schmalen Schlängelweg zwischen Kiefernaltholz und Erlenbruch entlang. Durch die kahlen Kronen einiger alter Eichen drang mattes Mondlicht auf den kaum sichtbaren Pirschpfad vor mir, aber er war mir so vertraut, dass ich ihn selbst in stockdunkler Nacht nicht verfehlt hätte. Allmählich wurde der Weg breiter und übersichtlicher und mündete schließlich auf eine kleine Eichenallee. Diese verlief annähernd parallel zur Rückseite der Waldarbeiterhäuser.

Und von dort kam mir, aufgereiht wie auf einer Perlenschnur, eine Rotte von sechs Sauen entgegen: vorneweg ein mächtiger schwarzer Kasten von Bache, dahinter die schon recht starken und deutlich heller gefärbten Frischlinge. Auf der dünnen Schneedecke und bei dem diffusen Mondlicht war jede Einzelheit deutlich zu erkennen. Wenn sie die Richtung beibehielten, würden sie dicht vor mir die Eichenallee überqueren müssen. Nachdem sie den Abfallhaufen einen Besuch abgestattet hatten, waren sie womöglich nach dorthin unterwegs, woher ich gerade gekommen war.

Ich war instinktiv neben einer Kiefer stehengeblieben und bemüht, mich aus einem Packesel wieder in einen Jäger zu verwandeln. Lautlos sanken Sitzkissen und Decke zu meinen Füßen in den Schnee und vorsichtig glitt die Waffe von der Schulter. Eine Patrone war auch schnell zur Hand, und schon war die Bockbüchsflinte geladen, was zum Glück bei einer Kipplaufwaffe völlig geräuschlos funktioniert. Ein Handgriff und das variable Zielfernrohr war auf dreifache Vergrößerung herunter gedreht und da waren die Kujel auch schon heran.

Die Entfernung betrug nicht mehr als 10 m, als die Bache mit den Frischlingen im Gefolge den Weg zwischen den Eichen völlig vertraut überquerte und auf der Gegenseite kurz verhoffte. So hatte ich Gelegenheit, in Ruhe Maß zu nehmen und den Schuss auf Frischling Nr. 2 loszuwerden. Nach kurzer Schrecksekunde stob die ganze Kavalkade wie der Sturmwind davon. Der Beschossene hielt anfangs noch tapfer mit, ehe er nach 20 rasenden Fluchten in den Schnee rollte.

Im Licht der Taschenlampe lag der Schweiß wie hingegossen beiderseits der Fluchtfährte. Wie sich beim Aufbrechen zeigte, hatte die Kugel das Herz gefasst. Und so wandelte sich das Glück des einen zum Unglück des anderen.

Quod erat demonstrandum.

Starke Keiler, die ich nicht erlegte

Für jeden Jäger, der die Möglichkeit hat, auf Schwarzwild zu weidwerken, stellt die Erlegung eines alten, reifen Keilers einen Höhepunkt jagdlichen Erlebens dar. Das ist heute so und betraf auch die Jäger in den Jagdgesellschaften der DDR. Natürlich reicht es allein nicht aus, die Keiler alt werden lassen. Das ist aber eine wichtige Voraussetzung, um starke Gewaffe erbeuten zu können. Daneben scheint auch die genetische Veranlagung eine Rolle zu spielen. Kein Hauptschwein ist seines Lebens überdrüssig und wartet ergeben darauf, durch die Kugel eines Jägers sein Leben beenden zu lassen. Nein, Misstrauen und große Vorsicht haben es lange Jahre vor diesem Schicksal bewahrt. Nicht zufällig ist es dem Keiler geglückt, sich in das Rentenalter hinüberzuretten, während weniger Vorsichtige seiner Sippe bereits in jungen Jahren unter Donner und Blitz dahingerafft wurden.

Stoßen noch dazu mehrere kleine und in der Größe überschaubare Reviere aneinander, ist die Versuchung von Pächter oder Besitzer groß, schon auf jeden Jüngling von zwei bis drei Jahren Dampf zu machen. Zumal diese bereits gewichtsmäßig 80 bis 90 kg erreichen können und somit im Zwielicht von Dämmerung oder Mondschein ein höheres Alter vorgaukeln können. Nach dem Motto: Wenn ich nicht schieße, dann erlegt ihn womöglich der Reviernachbar. Und so liegt dann ein Stück auf der Strecke, dessen Gewaff dem Erleger erst einige Jahre später echte Weidmannsfreude bereitet hätte. Bei Jagdgebietsgrößen von mehreren tausend Hektar jedoch, die unter einheitlicher Leitung stehen, kann sich die Schwarzwildbejagung auf die eigentlichen Schadensverursacher an landwirtschaftlichen Kulturen konzentrieren, Rotten mit Frischlingen und Überläufern. Da männliche Stücke ab zwei Jahren in der Regel schon zu Einzelgängern geworden sind, sollten sie Fehlabschüssen nur noch ausnahmsweise zum Opfer fallen.

In der DDR wurden einer Jagdgesellschaft vom Staat unentgeltlich drei bis fünf Jagdgebiete von 800 bis 3.000 ha zusammenhängende Jagdflächen zur Verfügung gestellt. Das heißt, eine Jagdgesellschaft mit fünf Jagdgebieten hatte zwischen 4000 und 15.000 ha zu bewirtschaften. Die Mitglieder der Gesellschaft wurden in Gruppen eingeteilt, denen jeweils ein vom Staat eingesetzter ehrenamtlicher Jagdleiter vorstand. Vom Standpunkt eines mehr als zwei Jahre alten Keilers waren das also eigentlich paradiesische Zustände.

In den ersten Jahren meiner Jägerlaufbahn, die zugleich die letzten unter DDR-Verhältnissen waren, hatte ich mehrfach Anlauf von zum Teil sehr starken Keilern, die allerdings sowohl mir als auch den übrigen Mitgliedern meiner Jagdgruppe nur zur Beobachtung freigegeben wurden. Rückblickend aus heutiger Sicht wäre es sicherlich kein Verstoß gegen die guten Sitten gewesen, gelegentlich einen dieser Bassen zum Erlegen freizugeben. Von einigen dieser Begegnungen möchte ich hier berichten.

Es war Mitte Januar und seit einigen Tagen herrschte sonniges, aber kaltes Winterwetter. Ich war auf einem vormittäglichen Kontrollgang in der Nähe des sogenannten Totenkopfes. Die verschneite Landschaft bot einen zauberhaften Anblick, und zahllose Rehfährten zwischen der Kieferndickung linker Hand und dem gegenüberliegenden verschilften Bruch ließen auf regen Verkehr schließen, sodass sich ein abendlicher Rehwildansitz dort geradezu anbot. Ein geschickt am Dickungsrand aufgestellter offener Leitersitz war für das ungeübte Auge kaum wahrzunehmen und somit für den damaligen Nachmittag der ideale Ansitzort.

Bei leichtem Frost und völliger Windstille hatte ich am späten Nachmittag Position bezogen und war mir sicher, Rehwild in Anblick zu bekommen, vielleicht auch Reineke. Aber lange Zeit passierte nichts und allmählich wurde es dämmerig. Wie aus dem Nichts zeichneten sich plötzlich die Umrisse eines starken Stückes Schwarzwild in einem kleinen Schilfhorst ab, nicht weiter als 150 m entfernt. Nach einer Weile aufmerksamen Sicherns zog der Keiler – als solcher war er jetzt zu erkennen – genau in meine Richtung auf die Dickung zu. Er schien zu wissen, dass ihm durch Pulver und Blei keine Gefahr drohte und verhoffte auf 70 Gänge. Er brachte gewiss mehr als 100 kg auf die Waage und bot, im weißen Schnee verhoffend, einen imposanten Anblick. Ganz unbewusst richtete ich das Absehen des Zeiss-Zielfernrohrs 6x42 auf den Wildkörper, nachdem ich mich vorher genau überzeugt hatte, dass der Suhler Drilling ordnungsgemäß gesichert war. Wenigstens moralisch wurde er mir so zur Beute. Inzwischen war es immer dunkler geworden und völlig vertraut zog der Keiler keine 30 m seitlich von mir in die Dickung ein.

Gegen 18 Uhr hatte ich, wie schon zwei Tage zuvor, die geschlossene Kanzel im Kiefernaltholz bezogen. Im Allgemeinen liebe ich es nicht besonders, nur über die offenen Schießluken Verbindung zur Außenwelt zu haben. Es fehlt der direkte Kontakt zur umgebenen Natur. Aber seit zwei Tagen erschien regelmäßig gegen 19:30 Uhr, man hätte die Uhr danach stellen können, ein ausgesprochen starkes Stück Schwarzwild an der Kirrung. Das war ungewöhnlich, denn alte Einzelgänger melden sich, wenn überhaupt, erst zu fortgeschrittener Nachtzeit und bei fehlendem Büchsenlicht an solchen gefährlichen Orten an. Seit zehn Tagen jedoch herrschte strenger Frost und der verharschte Schnee sowie der gefrorene Waldboden erschwerten das Brechen nach Untermast. Es war einfach der Hunger, welcher den sonst so misstrauischen Einzelgänger von seinen bewährten Gewohnheiten abweichen ließ.

Ein Blick auf die Uhr, es fehlten noch zehn Minuten zur vorgesehenen Zeit. Doch plötzlich, da war es wieder, das unverkennbare Geräusch, mit dem sich der nächtliche Besucher anzumelden pflegte. Der gefrorene Schnee knirschte unter schweren Tritten und ein mächtiger Schatten näherte sich zwischen den Bäumen. Im ersten Augenblick erinnerte er an einen großen Braunbären, der gekommen war, um sein Recht an der gedeckten Tafel einzufordern. Jetzt verhoffte er ein letztes Mal hinter den Zweigen einer kleinen Kiefer und nachdem er sicher war, dass keine Gefahr drohte, betrat ein stattlicher Keiler die Arena, einer der größten, denen ich bisher begegnet war. Obwohl nichts auf Gefahr hindeutete, blieb er vorsichtig und zog sich mit jedem Bissen in den Schutz einiger kleiner Büsche zurück. Nicht lange dauerte es, und die Waldblöße lag wieder ruhig und verlassen in eisiger Kälte vor mir.

Nur noch einmal habe ich es später erlebt, dass ein starker Keiler bereits im Herbst regelmäßig eine Fütterung aufsuchte. Punkt 20 Uhr erschien der ungeschlachte Geselle mehrere Tage hintereinander, wobei hier allerdings die äußerste Abgeschiedenheit in einem großen Waldkomplex dazu beigetragen haben mag, eine trügerische Sicherheit vorzutäuschen.

Diese Beobachtungen wie auch einige spätere flüchtige und eher zufällige Zusammentreffen hinterließen in mir eine gewisse innere Befriedigung: Es gibt sie noch, die starken alten Keiler, man muss ihnen nur eine Chance geben.

Die Impfung

Draußen lachte die Sonne eines schönen Vorfrühlingstags und der Gesang der Meisen sowie das Schilpen der Spatzen in der Hecke vor dem Haus ließen erahnen, dass der Winter überstanden war. Das Wetter lud geradezu zum Spaziergang ein, und als ich die Leine vom Haken nahm, gebärdete sich „Senta“, die Cocker-Mischlingshündin, rein närrisch vor Freude.

Wenn sie gewusst hätte, dass der Gang diesmal zum Tierarzt führte, hätte sich ihr Temperament wohl eher in Grenzen gehalten. Aber die Auffrischungsimpfung war fällig und so verband der Vorfrühlingsspaziergang zum Tierarzt gleichsam das Angenehme mit dem Nützlichen. Im Wartezimmer war an dem Tage nicht viel Betrieb und so war die obligatorische Mehrfachimpfung bald erledigt. Freilich, ohne Knurren und Zähnefletschen ging es auch heute nicht ab und ich musste sie schon gehörig beim Schlafittchen kriegen, aber das kannte ich ja von ihr. Auch das abschließend zur Versöhnung gereichte Leckerli ließ „Senta“ demonstrativ unbeachtet – für sie die höchste Form der Verachtung gegenüber einer fremden Person.

Nach dem Motto „Gehabte Sorgen, die hab ich gern“ ging der Rückmarsch flott vonstatten. Um der Hündin auch etwas Freilauf zu verschaffen, schlugen wir einen kleinen Umweg am Rande eines größeren Schilfgebiets ein.

Alles schien in bester Ordnung und „Senta“ suchte eifrig am Rand des Rohrgürtels entlang. Jedes Mauseloch und jeder Schilfhaufen wurde einer näheren Untersuchung unterzogen. Einer von diesen Haufen schien ihr besonderes Interesse zu finden. Sie umkreiste ihn aufgeregt und ließ sich auch von mir nicht abrufen. Mir schwante plötzlich nichts Gutes, aber da war es auch schon zu spät. Ruckartig explodierte der Frischkessel, denn um einen solchen handelte es sich in Wahrheit. Und wie aus dem Nichts erschien eine starke Bache und nahm sofort den Hund an. Der war wahrscheinlich nicht weniger überrascht als ich selbst, zumal die Bache auch mich sofort weghatte. Ohne zu zögern unternahm sie einen Scheinangriff auf mich.

„Senta“ indes flüchtete in einer Panikreaktion tiefer in die teilweise unter Wasser stehende Schilfwildnis und geriet dabei vom Regen in die Traufe. Die wilde

Jagd machte auch andere Bachen hoch, und ich konnte nur noch hilflos mitanhören, wie die Hündin jaulend in Schilf und Wasser, verfolgt von mehreren Sauen, das Weite suchte und sich dabei immer weiter von mir entfernte.

Eine breitästige alte Erle diente mir schließlich, als wieder Ruhe eingekehrt war, als Aussichtspunkt. Zu meiner größten Überraschung entdeckte ich auf trockenen Inseln im Röhricht mehrere Frischkessel. Zweifellos befand sich hier der zentrale Kreißsaal aller Sauen der Umgebung. Vom Hund jedoch fehlte jede Spur.

Ich befürchtete das Schlimmste und wollte mir gar nicht vorstellen, wie ich den Verlust des Tieres zuhause erklären sollte. Der Hund gehörte zur Familie, und besonders meine noch schulpflichtigen Töchter hingen mit besonderer Liebe an ihm. Aber schließlich blieb mir nichts anderes übrig, als mich bedrückt auf den Heimweg zu machen, von dunklen Gedanken gepeinigt. Der Weg zur Haustür führte an der Garage des Nachbarn vorbei, vor der sich ein großer Laubhaufen angesammelt hatte und just in dem Moment drang ein klägliches Winseln daraus hervor.

Ich glaube meinen Augen und Ohren nicht zu trauen. Auf wundersame Weise hatte es der Hund nachhause bis zu diesem Haufen Falllaub geschafft, aus dem heraus er mich wie ein armer Lazarus ansah. Diesmal ging es per Auto zurück auf den OP-Tisch und mit Nadel und Faden wurden die Bissverletzungen am linken Vorderlauf geflickt. Zum Glück waren keine Nerven- oder größere Blutgefäße verletzt und nicht lange danach war „Senta" wieder ganz die alte.

Dieses Erlebnis sollte allen Spaziergängern zu denken geben, die zur Frischzeit des Schwarzwildes im Frühjahr einen Waldspaziergang mit ihrem freilaufenden Hund unternehmen. Nicht selten betrifft dies auch Kinder und Jugendliche, deren Waldi ahnungslos im Unterholz auf Entdeckungstour geht.

Führende Bachen verstehen, wenn es um ihren Nachwuchs geht, keinen Spaß und nehmen den Störenfried kompromisslos an.

Rückzug im Nebel

In einer dichtbesiedelten Kulturlandschaft ist erfolgreiche und sichere Jagdausübung ohne jagdliche Ansitzeinrichtungen nicht möglich. Immer ist mit Spaziergängern, Pilzsuchern und anderen Personen selbst in den abgelegensten Ecken des Jagdreviers zu rechnen, und bei fehlendem Kugelfang kann ein Schuss mitunter großes Unheil anrichten. Also ist der Bau von Hochsitzen in der Regel notwendig. Sie müssen nicht, wie man das heute oft sehen kann, in schöner Regelmäßigkeit alle 200 m an Feldkanten oder Waldrändern entlang verteilt sein, wie weithin sichtbare Leuchttürme. Besser ist es, wenn sie unauffällig dem Landschaftsgefüge angepasst sind.

Und genau solch eine Ansitzkanzel, am Rande eines Sees zwischen halbhohen Erlen und Weidenbüschen, im Schilfgürtel fast unsichtbar, war Ziel meines damaligen Morgenansitzes. Schon seit Tagen herrschte trübes, unfreundliches Novemberwetter und zahlreiche Rehfährten auf dem mit Wintergerste bestellten Acker zeigten an, dass die zarten, grünen Spitzen scheinbar eine unwiderstehliche Anziehungskraft auf sämtliches Rehwild der Umgebung ausübten. Ein Morgenansitz konnte also nicht schaden.

Bald jedoch ließen mich immer dichter werdende Nebelschleier erahnen, dass der Erfolg doch sehr fraglich sein würde. Auf der Fahrt vorbei an Wiesen und Ackerflächen außerhalb der Stadt wurde die Sicht zunehmend schlechter. Lediglich die Hoffnung, dass die Morgendämmerung den Nebel bald auflösen würde, ließ mich an meinem Ziel festhalten. Zu erreichen war die Kanzel nur auf stichgeradem Weg über den Acker und bei der herrschenden Unsichtigkeit infolge des Nebels war die Richtung nur zu erahnen.

Plötzlich vernahm ich seitlich von mir ein wetzendes Geräusch, das sich schnell näherte. Es war absolut nichts zu erkennen, und das unheimliche Geräusch verschwand kurzzeitig, um sich dann wieder zu nähern. Längst war ich stehengeblieben und hatte für alle Fälle den geladenen Drilling in der Hand, als unverhofft Ruhe eintrat. Es wurde langsam schummrig und voraus zeichneten sich undeutlich die Konturen der Baumwipfel ab. Der Hochsitz konnte also nicht mehr weit sein und saß ich erstmal oben, so war ich sicher. Dies waren so meine Gedanken, als es plötzlich im Schilfgürtel vor mir brach und knackte. Zweifellos zog dort ein starker Schwarzkittel hin und her, von links nach rechts und zurück. Die tiefen, brummenden Lautäußerungen waren mit Sicherheit kein Willkommensgruß und ließen den Schluss zu, dass dem Keiler an einer näheren Bekanntschaft nichts gelegen war und er an diesem Morgen nicht zu Späßen aufgelegt war.

Hier war Rückzug angesagt, so viel stand fest. Es war das erste und zugleich einzige Mal in meiner Jägerlaufbahn, dass mir ein Stück Wild zu dieser Einsicht verhalf. Aber auf einen Versuch, das Schicksal am Bart zu zupfen, wollte ich es lieber nicht ankommen lassen und so befand ich mich früher als gedacht an jenem Morgen schon wieder auf dem Heimweg.

Der Stachel saß jedoch zu tief, um diese Begegnung so einfach abzuhaken. Einige Stunden später fand mich der helle Tag wieder auf dem Feld und die nicht zu übersehenden Trittsiegel zeigten deutlich, dass hier ein grobes Schwein zu Gange gewesen war. Wenn sich ansonsten angerührtes Schwarzwild, je nach Situation entweder still und heimlich verdrückt oder hochflüchtig fortbricht, so können sich während der Rauschzeit die Verhaltensweisen bei Keilern, vorwiegend in den mittleren Altersklassen, ändern. Der Aggressionstrieb gewinnt dann die Oberhand und es sind nicht wenige Fälle bekannt, wo zum Beispiel auf winterlichen Drückjagden Weidgenossen völlig unverhofft von vollkommen unverletzten Keilern angenommen und schwer verletzt wurden.

Schwarzwild ist wehrhaft und neigt dazu, angeschweißt jede Höflichkeit gegenüber dem verfolgenden Jäger abzulegen. Aber auch bei einem zufälligen Zusammentreffen mit einer Bache am Frischkessel oder einem Keiler in der Rauschzeit ist Vorsicht geboten, dessen sollten sowohl Jäger als auch harmlose Spaziergänger stets eingedenk sein.

Der Abnorme

Der Anfang der Bockjagd im Mai war in unserer Jagdgruppe immer schon mit einer gewissen Anspannung verbunden. Schon zeitig vorher waren anhand der Plätz- und Fegestellen die Standorte der Territorialböcke ausgemacht und auch sonst war man bemüht, sich einen Überblick über den Rehbestand zu verschaffen. Dabei galt das besondere Augenmerk den schlecht veranlagten Jährlingsböcken (Klasse 2c).

Ein gewichtiges Wort bei den Abschussvorgaben kam in dieser Frage dem staatlich eingesetzten Jagdleiter zu. Obwohl unser Gebiet über einen zahlenmäßig guten Rehbestand verfügte, hatten sich im Lauf der Zeit gewisse Rituale eingebürgert. Jeder Anwärter auf einen Bockabschuss hatte zuvor den Abschuss von zehn Stücken Raubwild oder Raubzeug nachzuweisen, zum Beispiel durch Vorlage der Ständer von Krähe oder Elster. Jeder Jäger weiß, dass dies nicht so einfach ist, besonders wenn man unter Erfolgsdruck steht. Unter diesem Gesichtspunkt erlangte auch jeder im Winter erlegte Fuchs eine wichtige Bedeutung. Neben der Abschussprämie von 100 Mark für jeden geschossenem Rotrock (150 Mark für einen gefangenen Fuchs) trug er gleichzeitig zur Anwartschaft auf einen Bockabschuss der Klasse 2c bei.

Erst nach Erbeutung eines solchen bekam der Jäger vom Jagdleiter Grünes Licht, um sein Glück auf einen abschussnotwendigen Bock zu versuchen. Das waren solche, die hinsichtlich ihrer Trophäenentwicklung unter der Norm ihrer Altersklasse lagen. An die Freigabe eines jagdbaren Bockes der Klasse 1 an Mitglieder unserer Jagdgruppe kann ich mich allerdings nicht erinnern, obwohl es sie zweifellos gab. Dazu zählten Böcke ab dem Alter von fünf bis sieben Jahren, die eine gebietstypische Trophäenmasse erreicht hatten.

So standen die Dinge, als es wieder einmal, in den turbulenten Tagen der Wendezeit, Mai geworden war. Einige Jahre war es nun schon her, dass ich meine Jagdeignungsprüfung bestanden hatte, aber kein noch so kümmerliches Rehgehörn zierte die Wände meines Jagdzimmers. Ich scheiterte stets an der 2c-Bock-Hürde und der leidigen Waffenfrage. Die Norm beim Raubzeugabschuss erfüllte ich zwar regelmäßig, aber eine Waffe war meist erst dann frei, nachdem an den aussichtsreichsten Positionen die schwachen Böcke bereits erlegt waren. Anblick von Abschussböcken älteren Semesters hatte ich mehr als genug, aber mit den abschussnotwendigen Jährlingen wollte es einfach nicht klappen.

So saß ich eines Abends Ende Mai wieder auf einem offenen Leitersitz am Rande eines großen Wiesenschlags. Mehrere kleine Abflussgräben, deren Ränder mit Röhricht bewachsen waren, durchzogen die Wiese und aus einem solchen Rohrhorst erhob sich plötzlich das Haupt eines Bocks, um nach kurzer Zeit wieder zu verschwinden. Es war reiner Zufall, dass ich gerade in dem Moment mit dem Glas in diese Richtung sah, sonst hätte ich das Stück gar nicht wahrgenommen. Allerdings war die Entfernung doch relativ weit und es blieb nichts übrig, als abzuwarten.

Die Zeit verging, und in den tiefer gelegenen Wiesenabschnitten begannen schon die Nebel zu brauen und am Horizont kündigten dunkle Wolkenbänke ein Unwetter an. Da tauchte der Bock wieder aus dem schon gut deckenden Gras auf und zog, hier und da ein Hälmchen naschend, stetig in meine Richtung. Dem Gebäude nach konnte er noch nicht alt sein, doch aus seinem Kopfschmuck konnte ich nicht schlau werden. Es schien mir, als wäre eine Stange abnorm abgewinkelt, womit das Gehörn eine durchaus interessante Trophäe darstellen mochte.

Allmählich wurde es dämmerig, als der Bock plötzlich in ganzer Pracht aus dem hohen Gras auftauchte, und nun musste es schnell gehen. Deutlich war zu erkennen, dass die rechte Stange steil nach unten bis fast über das rechte Licht ragte, während links eine normale Gabel ausgebildet war. Ein Schuss konnte eigentlich nicht verkehrt sein, jedoch hatte ich, wie es das ungeschriebene Gesetz unserer Jagdgruppe vorsah, noch keinen abschussnotwendigen Jährling auf die Decke gelegt. Egal, in Sekundenbruchteilen malte ich mir aus, dass für kranke oder eindeutig abnorme Stücke diese Regelung nicht gelten könnte – da war auch schon der Schuss gefallen. Als ich an den Bock herantrat, perlte rot der Schweiß aus der Decke.

Der Schuss saß wie angetragen und hatte ihn blitzartig zusammenbrechen lassen. Nachdem die Rote Arbeit verrichtet war, begann in der Ferne schon das Grummeln eines nahenden Gewitters, und kaum hatte ich mit dem Bock im Schlepptau das am Wiesenrand gedeckt abgestellte Auto erreicht, öffnete auch schon der Himmel seine Schleusen.

Bei der obligatorischen Präsentation des Gehörns auf der nächsten Gruppenversammlung musste ich zwar selbstkritisch Stellung nehmen, aber der Jagdleiter ließ Gnade vor Recht ergehen und war auch später nicht nachtragend. Er hatte, wie andere Jagdleiter auch, die ich kennenlernte, einen anständigen Charakter und übte sein Amt gewissenhaft und korrekt aus.

Das Gehörn bestätigte, was ich schon geahnt hatte, vermutlich war eine Rosenstockverletzung die Ursache, dass an dieser Stelle ein dicker Knubbel saß, von dem aus die rechte Stange entlang des Windfangs bis über das rechte Licht nach unten ragte. Es erschien mir sehr zweifelhaft, dass der Bock im nächsten Jahr ein normales Sechser-Gehörn geschoben hätte, und so überwogen Freude und Erleichterung über die Erlegung des Abnormen.

Begegnung im Frühlicht

Wieder ist es Herbst geworden im Damwildrevier und wie jedes Jahr in dieser Zeit erfasst mich die schwer zu beschreibende, prickelnde Vorfreude, die mit der Jagd auf den Brunftschaufler einhergeht. Zwar ist die Bejagung des Damwildes während des ganzen Jahres überaus reizvoll, denn es ist tagsüber viel im Revier unterwegs und es ist durchaus nicht nötig, dass der Jäger schon vor Tau und Tag sein warmes Bett verlässt. Nein, am hellichten Tag kann es zu einer unverhofften Begegnung kommen, und wer die Gewohnheiten dieser Wildart in seinem Revier gut kennt, wird auch häufig zu einem Jagderfolg kommen.

In der Brunft jedoch ist einiges anders. Schon im September sind einzelne ältere Hirsche von weither zugewandert und beziehen die alten Brunftarenen im Kahlwildrevier. Mit Vorliebe werden die alten Brunftkuhlen des Vorjahrs wieder besetzt und mit viel Glück, Geduld und sehr guter Tarnung kann man schon vor Beginn der eigentlichen Brunft auf einen guten Schaufler zum Schuss kommen. Besonders vielversprechend ist hierbei der Morgenansitz, vorausgesetzt, der Jäger ist perfekt getarnt. Schon die kleinste Bewegung oder Abweichung von der Umgebung genügt und der misstrauische Schaufler ist nachhaltig vergrämt.

In einem Jahr musste ich allerdings feststellen, dass die Vorbrunft recht verhalten verlief. Auf dem Hauptbrunftplatz war noch nicht viel los. Die Brunftkuhlen des Vorjahrs waren nur gelegentlich angenommen. Das mochte mit den Wölfen zu tun haben, deren Visitenkarten sich gelegentlich an den Gestellrändern fanden und die eine neue, ungewohnte Bedrohung für das Schalenwild darstellten. Auch auf meiner damaligen Kontrollfahrt, wir schreiben inzwischen den 15. Oktober, lag der Brunftplatz verlassen da, kein Hirsch meldete, kein Anblick von Damwild.

Fast am Ende des Reviers, an der Grenze zum Nachbarjagdgebiet, verläuft der sogenannte Kanonenweg. Hier erspähte ich endlich, wonach ich suchte. Unter den herabhängenden Ästen einer kleinen Kiefer am Hochwaldrand fand sich eine große, frisch geschlagene Brunftkuhle von beeindruckenden Ausmaßen.

Auch auf der gegenüberliegenden Wegseite, zwischen mehreren flachen Brunftkuhlen, erschien der Waldboden wie umgepflügt. Dort musste erst kürzlich ein Hirsch wie ein Berserker zugange gewesen sein, denn noch vor zwei Tagen wirkte alles wie unberührt.

Jetzt hatte es mich aber doch gepackt. Die Situation erschien sehr erfolgversprechend und schnell war der Schlachtplan für den nächsten Morgen entworfen. In circa 80 m Entfernung hatte der Sturm im Frühjahr eine alte Kiefer gefällt. Ihre gewaltige Krone lag fast am Wegesrand und bildete so den idealen, natürlichen Ansitzschirm für den verdeckten Morgenansitz. Sorgfältig wurde eine „Schießscharte" im Astwerk hergerichtet. Einige störende Zweige wurden noch entfernt, und ein letzter kritischer Blick aus Richtung Brunftkuhle bestätigte die perfekte Tarnung.

Der nächste Morgen fand mich lange vor dem ersten Morgengrauen in meiner Klause. Ich hatte mich, sicher ist sicher, noch zusätzlich mit einem Tarnschal verblendet und kam mir vor wie der unsichtbare Zauberzwerg Alberich aus der Nibelungensage. Langsam wurde es im Osten hell am Horizont und die erste Amsel tickte im Unterholz, ansonsten Kirchenstille ringsum, kein Hirsch meldete. Mittlerweile herrschte Büchsenlicht und meine Anspannung wuchs: Würde der Herrscher des Brunftplatzes auch tatsächlich erscheinen? Eine Bewegung gegenüber der Brunftkuhle zog meine Aufmerksamkeit auf sich. Ein schwacher Spießer machte sich dort zu schaffen, bewindete die flachen Brunftkuhlen und hatte es dabei in keiner Weise eilig. So konnte ich gut erkennen, dass in Höhe des Trägeransatzes ein gut faustgroßer Defekt in der Rückenlinie klaffte. Zweifellos hatte da ein gut verheilter Krellschuss seine Spuren hinterlassen. Der Spießer wirkte aber keinesfalls abgekommen oder in seinen Bewegungen beeinträchtigt. Langsam verschwand er wie ein Schatten zwischen den Stämmen des Hochwaldes.

Inzwischen war es völlig hell geworden und ein wunderschöner Herbstmorgen zog herauf. Urplötzlich war Bewegung auf dem breiten Sandweg vor mir. Mit hoch erhobenem Haupt zog ein sehr starker Schaufler in meine Richtung. Ich hatte ihn erst relativ spät bemerkt. Auffällig war die weite Auslage des langstangigen Geweihs und der hoch erhobene Träger – bei Brunftschauflern ohnehin verdickt – wirkte gewaltig. Alles in allem bot der heranziehende Recke schon auf den ersten Blick ein Bild urwüchsiger Kraft und Eleganz.

Nun war er auf Höhe der Brunftkuhle angelangt und verhoffte. Längst hatte ich meine Waffe bereit, und als sich der Schaufler nach rechts drehte, berührte mein Zeigefinger den gestochenen Abzug. Mit grellem Knall durchbrach mein Schuss die andächtige Morgenstille. Automatisch hatte ich repetiert, aber der Hirsch schaffte nur noch 60 Gänge, bevor er zwischen den Stämmen verhoffte und langsam zur Seite sank. Mit 74 kg (aufgebrochen und ohne Haupt) war er weit schwerer als alle zuvor von mir erlegten Brunftschaufler. Die Trophäe wog 3,4 kg und gehört mit zu meinen besten. Wieder einmal hatte mir Diana ihre Huld bewiesen.

Keilerstrecke zur Blattzeit

Wenn im Juli die Sonne hoch am Himmel steht und ihr heißer Atem das Land unter der Sommerglut ächzen lässt, wenn auf den Feldern das Getreide reift und die ersten Mähdrescher mit der Roggenernte beginnen, dann ist die Hohe Zeit des Rehwildes angebrochen. Die Blattzeit hat begonnen und kaum ein Waidmann kann sich ihrem Zauber entziehen.

Wer sich aber in dieser für das Rehwild aufregenden Zeit den Blick auf anderen Wildarten nicht verstellt, für den kann die alte Jägerweisheit Wirklichkeit werden: „Unverhofft kommt oft." Das ist auch der Grund, weshalb ich in der vorletzten Julinacht die Kanzel am Lärchensitz bezogen hatte. Mehrere schlanke Lärchen am Rand eines Kiefernstangenholzes wurden zum Namensgeber dieses abseitsgelegenen Ansitzortes. Dort herrschte das ganze Jahr über Ruhe, und nur selten verirrte sich im Herbst ein Pilzsucher in diesen Revierteil.

Über die offene Kanzelbrüstung konnte ich die kleine, vom Mondschein erhellte Lichtung mit dem Malbaum in der Mitte gut überblicken. Dieser wurde regelmäßig vom Schwarzwild angenommen. In jüngster Zeit waren mir einige auffallend helle und lange Borsten an ihm besonders aufgefallen. Wo mochte sich ihr Besitzer wohl tagsüber aufhalten?

Ganz plötzlich huschte ein rötlicher Schemen über die von kalkigem Mondlicht übergossene Blöße, Reineke Rotvoß nahm zu meiner Überraschung den Malbaum an und scheuerte sich routiniert wie ein alter Überläufer an ihm. Anschließend noch eine flüchtige Suche nach etwas Fressbarem und mit wippender Standarte empfahl er sich wieder.

All dies dauerte nur wenige Augenblicke, und verblüfft war ich schließlich um eine Erfahrung reicher. Allerdings deutete ich diese Beobachtung als gutes Zeichen, denn schon öfter hatte ich beim nächtlichen Ansitz die Erfahrung gemacht, dass auf den Fuchs das Schwarzwild folgt.

Wie zur Bekräftigung ertönte einige Zeit später, Mitternacht war schon vorrüber, lautes Brechen und Ästeknacken hinter mir im Bestand, sodass ich vor Überraschung heftig zusammenfuhr. Einzelne misstrauische Sauen können sich, wenn sie es wollen, bei Gefahr so lautlos durch ihr nächtliches Reich bewegen, wie der Mond am Himmel zieht. Dieser Einzelgänger jedoch schien völlig vertraut und sorglos. Immer näher kam das Geräusch knackender Äste und unverhofft schob sich ein langer, silbrig glänzender Wildkörper von rechts an den Rand der Lichtung, wo er verhoffte.

Ein fast weißer Keiler mit nur vereinzelten dunklen Flecken, den Wurf weit vorgestreckt und dadurch noch länger wirkend, vergewisserte sich, dass die Luft rein war. Statt aber den „offiziellen" Malbaum anzunehmen, zwängte er sich zwischen zwei kleine, eng beieinanderstehenden Kiefernstämmchen, um sich dort mit größtem Behagen seine Schwarte zu scheuern. Mitten in dieser genüsslichen Situation traf ihn das schwere 9,3-mm-Geschoss aus meiner Mauser-Repetierbüchse und ließ ihn fast im Stehen zwischen den engen Stämmen zusammenrutschen und verenden. Gute 70 kg brachte er später auf die Wildwaage und seine gegerbte Schwarte in meinem Jagdzimmer erinnert mich noch oft an die Erlebnisse dieser Nacht.

Nur eine Woche später, inzwischen war der August ins Land gezogen, hatte ich noch vor dem Morgengrauen am Rande einer großen Wiese Posten bezogen. Ich wollte morgens die Sauen abpassen, wenn sie zwischen dem großen Maisschlag zu meiner Linken und dem Erlenbruch rechterhand wechselten. Dort lag ganz am Rande eine kleine Suhle, in dessen Schlamm ich gelegentlich die klobigen Trittsiegel einer groben Sau fährtete. Nie war es mir bisher aber gelungen, sie dort beim wohligen Bade zu überraschen.

Noch war ringsum alles still, nur ein leichter Wind hatte sich aufgemacht. Er kam von der Wiese auf mich zu. Im nahen Erlenbruch begann unverhofft ein Reh anhaltend zu schrecken. Sollten etwa Sauen die Ursache sein? Inzwischen war es heller geworden und vor mir im Geäst zeterte empört ein Rotkehlchen und sah mich mit seinen großen Augen verwundert an.

Die Sicht wurde zusehends besser, und ein dunkles Ungetüm bewegte sich plötzlich am Rand der Wiese vor dem Erlenwald. Das Fernglas bestätigte: ein Schwarzkittel, ein schwerer Einzelgänger. Zweifellos war er soeben seinem im dämmerigen Erlenbruch gelegenen Moorbad entstiegen, nachdem er sich mit größtem Genuss darin gewälzt hatte. Sicher hatte die beginnende Morgendämmerung den alten Genießer daran erinnert, dass es höchste Zeit war, um seinen Tageseinstand im Mais zu beziehen.

In langsamem Troll bewegte er sich über die taufeuchte Wiese in Richtung Maisschlag. Leise knackte das Stechschloss meiner Suhler Bockbüchsflinte, als ich den Rückstecher betätigte. Ruhig folgte das Absehen des variablen Zielfernrohres dem Bassen und als ihn ein leiser Pfiff kurz verhoffen ließ, peitschte der Schuss durch den Morgen und ließ ihn in der Fährte verenden.

Beim Nähertreten lag vor mir im Klee ein strammer Keiler, dessen pralle Sommerschwarte bis zum halben Schild mit Schlamm bedeckt war. Die Kugel saß auf dem Trägeransatz und hatte die Wirbelsäule gefasst.

Wespenangriff am Bienenwagen

Das Dunkel der Frühsommernacht lag noch zwischen den Stämmen des Stangenholzes am Wegesrand. Nur undeutlich waren linkerhand die dunklen Silhouetten der großen Weidensträucher zu erahnen, die gewissermaßen wie stumme Wächter die Grenze zwischen einem schmalen Wiesenstreifen und dem dahinterliegenden undurchdringlichen Röhricht bildeten.

Mein Jagdgast und ich waren an diesem Sommermorgen auf dem Weg zur Kanzel am Bienenwagen. Der Besitzer des nahen Vorwerks hatte dort vor Jahren einen solchen aufgestellt. Der war inzwischen verfallen, der Name jedoch geblieben. Ein leichter Schimmer im Osten kündigte den nahen Morgen an, als ich Wolf-Dieter mit „Weidmannsheil" verabschiedete und er vorsichtig über die taunasse Wiese der Kanzel zustrebte. Nachdem auch ich meinen Ansitz erreicht hatte, genoss ich das beginnende Erwachen der Natur, während ein herrlicher Sommermorgen heraufzog.

Der ferne Hall eines Schusses ließ mich den Kopf wenden. Anscheinend hatte mein Freund Weidmannsheil, der Schuss kam aus seiner Richtung. Ich wartete noch ein Weilchen, aber schließlich siegte meine Neugier und ich machte mich auf den Weg zum Treffpunkt. Schon von weitem signalisierte Wolf-Dieter sein Weidmannsheil. Das schwache Spießböckchen kam auf nahe Entfernung mit dem Schwesterschmalreh aus dem Weidengestrüpp und hatte den Knall wahrscheinlich nicht mehr vernommen.

Dafür hatten ihn andere Untermieter der alten Kanzel sehr wohl wahrgenommen. Für ein ganzes Wespenvolk, das emsig hinter verschlissenen Decken und Kissen seinem Tagewerk nachging, wirkte der laute Knall des Büchsenschusses quasi als Weckruf. Aus allen Spalten und Ritzen quoll plötzlich eine wütende Armee der gelb-schwarz gestreiften Angreifer hervor, um den völlig überraschten Störenfried zu attackieren. Nach der Schilderung meines Jagdfreundes musste er den Weg von der Höhe der Kanzel zum Wiesenboden teilweise im Gleitflug zurückgelegt haben. Mehrere schmerzhafte Stiche auf Handrücken und Nacken hatten ihn nachhaltig daran erinnert, dass alles im Leben seinen Preis hat.

Drei Wochen später unweit des Bienenwagens: Inzwischen hatte die Brunft des Rehwildes begonnen. Die Böcke waren jetzt häufiger zu sehen und grenzten durch häufiges Schrecken ihre Reviere von anderen Rivalen ab. Rangniedere Böcke wichen älteren ohne Kampf aus und wurden mitunter weit verfolgt. Dem ansitzenden Jäger konnte sich so die unverhoffte Chance bieten, einen geriebenen Bock älteren Semesters vor die Büchse zu bekommen. Genau diese Gunst sollte mir an jenem Tag zuteil werden.

Der in eine gegabelte Erle gut eingepasste Leitersitz gewährte einen weiten Überblick über die vor mir liegende große Wiesenfläche. Allerdings war die Grenze zum Nachbarjagdgebiet nicht weit. Sie wurde von einem kleinen Graben gebildet, der sich circa 200 m entfernt durch die Wiesensenke quälte. Bereits mehrmals hatte ich auf der „feindlichen" Wiesenhälfte einen Bock austreten sehen. Der alte Schlaumeier tauchte allerdings stets erst kurz vor Ende des Büchsenlichtes auf und ließ sich nur aus großer Entfernung bewundern. Sein ganzes Verhalten und die Körperform wiesen jedoch auf einen älteren Vertreter seiner Art hin.

Der aktuelle Ansitz bescherte mir jedoch zunächst einen höchstens mittelalten Bock, der urplötzlich aus dem hohen Wiesengras hinter dem Grenzgraben hoch wurde. Ab und zu sichernd, äste er völlig vertraut zwischen den hohen Ampferstauden. Plötzlich warf er auf und sicherte angestrengt in Richtung Wiesenrand. Dort war soeben der Platzbock ausgetreten und stürmte augenblicklich stichgrade auf den vertraut äsenden Eindringling zu. Der völlig überraschte Bock schlug einige Haken, überfiel den Grenzgraben und passierte in rasenden Fluchten, den Alten immer im Gefolge, meinen Sitz. Der Lecker hing ihm weit aus dem Geäse und das Keuchen war bis zu mir zu vernehmen.

Als der Platzbock schließlich in zügigem Troll wieder seinem Einstand zustrebte, warf ihn meine Kugel noch vor dem Grenzgraben in das Wiesengras. An dem enggestellten Gehörn fehlte bereits die linke Vordersprosse und die Decke wies einen fahl-gelblichen Schimmer auf. Unwillkürlich kam mir der alte Weidspruch in den Sinn: „Fahle Decke, kommt zur Strecke". Zweifellos hatte mir das Jagdglück einen alten, schon im Zurücksetzen befindlichen Bock beschert.

Der Eiskeiler

Es war Anfang Januar und nach einer längeren Tauwetterperiode hatte sich der Winter mit Macht zurückgemeldet. Klirrende Kälte herrschte seit einigen Tagen und ließ die rohrbestandenen Bruchpartien in der Umgebung des Rietzer Sees wieder begehbar werden. Diese endlosen Schilfwälder, ein Lieblingseinstand des Schwarzwildes, kann man nur bei strengem Frost betreten. Zu allen anderen Zeiten versinkt der Fuß schon nach einigen Schritten im braunen Moorwasser und hält jedermann vom Betreten ab.

Ein ungestörter und deswegen idealer Einstand im ganzen Jahr für die Sauen, die auf erhöhten Schilfinseln ihre Kessel anlegen. Aber auch Fuchs, Marderhund und Rehwild haben dort eine sichere Heimstatt gefunden.

Soll es den Sauen an die Schwarte gehen, müssen Treiber und Schützen schnell zusammengetrommelt werden, wer weiß schon, wie lange der Frost anhält. Am Abend ein Anruf: ob ich Zeit und Lust hätte, am Sonnabend an einer Drückjagd auf Schwarzkittel teilzunehmen, Treffpunkt 9 Uhr an der Großen Koppel. Als ich am Sonnabendmorgen auf dem Weg zum Sammelplatz war, herrschten -16 °C, aber es war windstill und die ersten Sonnenstrahlen vergoldeten schon den Horizont. Felder, Wiesen und Bäume glitzerten im Rauhreif und Reste von Altschnee hatten das Land mit weißem Glanz überzogen. Hoch im Geäst einer alten Ulme saßen stumm und aufgeplustert zwei Nebelkrähen und hielten nach dem Morgenfrühstück Ausschau. Als ich näherkam, strichen die Galgenvögel still feldwärts ab.

Am Stellplatz hatte sich bereits ein Großteil der Treiber und Jäger versammelt, alle in Anbetracht der Kälte dick vermummt. Zufrieden nahm ich zur Kenntnis, dass auch drei hochläufige Vorstehhunde zum Stöbern in dem unwegsamen Terrain dabei waren. Ihre Aufgabe war es, die Sauen auf die Läufe und vor die Schützen zu bringen. Gerade in den Vormittagsstunden und bei starkem Frost liegen die Sauen nicht selten fest und lassen sich von den Treibern überlaufen. Die feinen Nasen der Hunde können sie jedoch nicht täuschen.

Nach der obligatorischen Sicherheitsbelehrung durch den Jagdherrn hatten die Schützen ihre Stände eingenommen und die Treiber die Ausgangsstellungen bezogen. Freigegeben waren diesmal Sauen, Fuchs und Marderhund.

Mein Stand befand sich am Fuße eines Windwurfs, von dem aus ich einen weiten Blick über das vor mir liegende Schilfmeer hatte. An dessen Ende, weit entfernt, tauchte gelegentlich eine rote Warnweste im braunen Schilfwald auf – Treiber und Hunde traten an.

Es dauerte nicht lange und durch die frostklare Winterluft drang abgerissenes Hundegeläut herüber, jetzt hallte auch ein Flintenknall, kurz darauf ein weiterer: Die Treiberwehr war auf Sauen gestoßen.

Vorsichtig erhob ich mich von meinem Sitzstock und musterte angespannt die Umgebung, aber es war wohl noch zu früh, schon auf anwechselndes Wild zu hoffen. Langsam wanderte mein Blick vom vorspringenden Erlenwäldchen zu meiner Rechten nach links und plötzlich verharrte ich wie vom Donner gerührt. Auf circa 60 m vor mir saß, schwarz wie der Teufel, ein Keiler wie ein Hund auf den Keulen, sicherte in Richtung Treiberwehr und klappte ab und zu mit dem Gebrech. Ersichtlich hatte er mich nicht wahrgenommen und wirkte völlig ruhig und vertraut. Er hatte dort, weit entfernt von der Rotte der übrigen Sauen, im Kessel gelegen und versuchte jetzt, sich zu orientieren.

Vorsichtig brachte ich die Doppelflinte in Voranschlag und wartete auf eine günstige Schussposition, noch war die Entfernung zu weit. Jetzt wurde der Keiler hoch und trollte gemächlich schräglinks in meine Richtung. Ein leiser Pfiff von mir auf rund 40 m ließ ihn jäh verhoffen. An der Stelle war der Rohrbewuchs nur halbhoch und ich kam mit dem Flintenlaufgeschoss gut ab. Auf den Schuss zeichnete der Keiler stark und stiebte in einer Wolke aus Schnee und Staub mit hoher Fahrt von mir fort, überfiel auf 150 m Entfernung einen grasbewachsenen Weg. Schon nahm er in voller Flucht die Emster an, einen kleinen Fluss, der an besagter Stelle ca. 45 Meter breit war. Der Keiler wollte ihn durchrinnen und in der undurchdringlichen Weidenwildnis auf der Gegenseite für immer verschwinden. Gelang ihm dies, so war er für mich verloren.

So schnell ich konnte, lief ich ihm nach und sah gerade noch, wie die Sau in prasselnden Fluchten das Erlengestrüpp in Ufernähe annahm und die Böschung zum Ufer hinabstürmte. Die Emster war an der Stelle trotz der langsamen Strömung bis auf eine 3 m breite Spalte in Flussmitte von den Rändern her zugefroren. Als ich am Ort des Geschehens eintraf, sah ich den Keiler in dieser Wasserrinne am gegenüberliegenden Eisrand entlangrinnen. Immer wieder versuchte er, mit den Vorderläufen Halt zu finden, aber es gelang ihm nicht und er glitt langsam flussabwärts. Nur sein Kopf ragte über den Wasserspiegel und alles deutete darauf hin, dass er seinen letzten Kampf nicht gewinnen würde. Die Entfernung betrug ca. 30 m und als ich das Flintenlaufgeschoß aus dem linken Lauf fliegen ließ, verschwand der Kopf des Keilers augenblicklich unter Wasser.

So schnell ging alles, und so unwirklich erschien mir die Situation, dass ich erst einmal tief durchatmen musste. Würde der Schwarzkittel noch zu haben sein oder könnte er unter dem Eis abgetrieben sein und erst nach dem nächsten Tauwetter an das Ufer angeschwemmt werden? Eine geringe Chance bestand noch, das Stück eventuell doch noch aufzufinden: eine Suche unter der Eisdecke des gegenüberliegenden Ufers. Die dort abgestorbenen Erle mit den vielen Spechtlöchern im Stamm merkte ich mir als Orientierungspunkt, an der Stelle müsste die Suche beginnen. Eine knappe Stunde später waren wir vor Ort und die „Nachsuche" durch die Eisdecke begann.

Die in Frage kommende Eisfläche in Ufernähe wurde von mir als Zielgebiet bestimmt. Da übermannte einen unserer Weidgenossen die Jagdpassion. Auf Knien auf dem Eis rutschend, durchdrang sein Röntgenblick die Tiefe unter ihm, während er sich mit Adleraugen langsam vorantastete.

Und was kaum noch jemand für möglich gehalten hätte, geschah: Unmittelbar am Uferrand sichtete er durch das kristallklare Eis die Konturen des Keilers. An eine Axt hatte in der Hitze des Gefechts keiner gedacht. Und so wurde in mühsamer Handarbeit mit Jagdmessern eine Öffnung in die Eisfläche gehackt.

Das Finale dieser einmaligen Jagd konnte beginnen: an den Tellern wurde der Schwarzkittel aus seinem nassen Grab ans Tageslicht befördert und während er am späten Nachmittag zusammen mit vier weiteren Sauen und einem Fuchs zur Strecke gelegt wurde und die Signale „Sau tot" und „Fuchs tot" erklangen, durchlebte ich in Gedanken noch einmal die Einzelheiten dieser ungewöhnlichen, winterlichen Jagd.

Auf den Winterfuchs

Den ganzen Tag über schon hatte es geweht und geschneit, wer nicht unbedingt draußen zu tun hatte, blieb lieber in der behaglich warmen Stube. Aber als am Abend der Mond rund und voll über dem Waldrand aufging, beruhigte sich der Wind und der Frost legte noch einmal tüchtig zu. Das war der richtige Moment, um auf den Fuchs zu passen. Nach dem unfreundlichen Wetter der vergangenen Tage hatte er wenig Erfolg auf der Mäusejagd und jetzt kniff der Hunger in seinen Eingeweiden.

Als ich am Dienstag beim Jagdleiter vorsprach, waren bis auf eine 12er Doppelflinte alle Waffen bereits ausgegeben, aber da ich ohnehin ausschließlich auf den Fuchs jagen wollte, war ich darüber nicht unzufrieden. Zudem kannte ich die Waffe und wusste, dass der linke Lauf Würgebohrung hatte und die Schrotgarbe eng zusammenhielt, so dass auch auf etwas größere Entfernung hingelangt werden konnte. Mit zwei 3,5-mm-Schrotpatronen und einer Flintenlaufgeschoss-Patrone war ich zudem - nach damaligen Verhältnissen - auch ausreichend aufmunitioniert.

An jenem Abend sollte es ernst werden. Ziel meines nächtlichen Ansitzes war eine Kanzel am Rand eines Bruches, das auch bei strenger Kälte nie ganz zufriert. Da man es deswegen auch im Winter nicht ohne Risiko betreten kann, wird es von den Sauen gerne angenommen. Aber auch der Fuchs jagte nachts dort auf einsamem Pass, wenn er seinen Hunger durch die kalten Winternächte trug. Neben Rehwild waren auch Fasanen das ganze Jahr über dort anzutreffen. Und mehr als einen der bunten Gockel, dem Schneeregen und Frost das Gefieder vereiste, fiel dem roten Freibeuter zum Opfer. Im Frühjahr lockte die Saat der angrenzenden großen Getreideschläge das Wild an, während im Sommer deren unübersehbares Halmenmeer zusätzliche Deckung bot.

An jenem Abend jedoch hatten die Schneeschauer Feld und Bruch mit einer weißen Decke überzogen, sodass Himmel und Erde ineinander überzugehen schienen. Vorsichtig stieg ich die schneebedeckten knarrenden Leitersprossen der alten Kanzel herauf. Oben angekommen, öffnete ich die Waffe und zwei Patronen glitten in die Läufe. Ein leises Schnappen und die Doppelflinte war wieder geschlossen.

Eine ganze Weile verharrte ich mäuschenstill, nur meine Blicke gingen rundum. In der mondhellen Nacht nahmen Büsche und Sträucher die Gestalt von Fabelwesen oder von Wild an und oft schaffte nur der Blick durch das lichtstarke Nachtglas Klarheit.

Aber jetzt war Bewegung in der Landschaft. Der dunkle Schatten auf dem schneebepuderten Eis des Abflussgrabens war keine Täuschung. Es war der Fuchs. Zwar noch weit entfernt, bewegte er sich genau in meine Richtung, ab und an kurz verhoffend. Sollte er bis auf Schussentfernung näherkommen, wäre der Schrotschuss spitz von vorn sehr riskant. Fast immer geht der Rotrock in solchen Fällen dem Jäger verloren.

Aber jetzt wurde der dunkle Schatten fast so hoch, wie er vorher lang gewesen war. Der Fuchs saß auf den Keulen und sicherte in die Schilfwildnis rechts von ihm. Irgendetwas musste sein Interesse geweckt haben, denn jetzt schnürte er vorsichtig und langsam über die Grabenböschung und kurz darauf schloss sich das Halmengewirr des Röhrichts wie ein Vorhang hinter ihm.

Wieder verging eine Viertelstunde in völliger Stille. Plötzlich straffte sich mein Oberkörper. Ein heiseres Bellen, aber anders als das von Haushunden, drang aus dem Bruch an mein Ohr: der Ranzlaut Reinekes. Immer wieder, von Pausen unterbrochen, tönte das charakteristische Bellen herüber. Es ließ sich genau feststellen, dass die Reise im Halbkreis durch das Bruch ging. Aber der Verursacher verließ die schützende Deckung nicht und plötzlich kehrte wieder Ruhe ein.

Inzwischen ging es auf Mitternacht zu und der Frost machte sich langsam unangenehm bemerkbar. Weit draußen auf dem Acker fiel mir ein schwarzer Fleck ins Auge. Jetzt machte er einen Kegel und spielohrte. Meister Lampe machte sich dort über Gefrierkost her: Frische Roggensaat, die er unter dem Schnee hervorkratzte. Sein Ausrücken hatte ich glatt verdöst.

Während ich ihn zum wiederholten Mal in Augenschein nahm, bemerkte ich im rechten Augenwinkel eine Bewegung am Grabenrand. Ein starker Fuchs war in Richtung Feldmark unterwegs. In eigentümlich gleitender Bewegung kam er ziemlich flott voran, die buschige Lunte schien auf dem Schnee zu schleifen. Ein bisschen weit war es ja und die Ansicht war auch nicht ideal, schräg von hinten. Aber viel Zeit zum Überlegen blieb nicht.

Vorsichtig legte ich die Flinte auf der Kanzelbrüstung auf und während noch der Knall des 1. Schusses verhallte, blitzte schon der rote Strich des Mündungsfeuers aus dem rechten Lauf auf. Der Fuchs flüchtete in rasenden Fluchten feldwärts, und im Stillen haderte ich mit mir selbst. Ich hätte doch nicht schießen sollen, die Entfernung war einfach zu weit und der Schusswinkel nicht ideal.

Doch plötzlich scherte der Beschossene zur Seite aus und lag still. Vielleicht nur ein oder zwei Schrotkörner mochten ihn getroffen haben, doch es hatte gereicht. Schnell war ich vom Hochsitz herunter und näherte mich, ein Flintenlaufgeschoss als „Fangschusspatrone" im Lauf, dem kapitalen Fuchsrüden. Er maß vom Fang bis zur Luntenspitze 1,43 m und ist bis heute mein stärkster Fuchs geblieben.

Der Hubertushirsch

Mit stürmischem Wind und Regenschauern verabschiedete sich der Oktober, doch als der November das Zepter übernahm, drehte sich das Wetter. Still und ruhig waren jetzt die Tage, die Nächte waren schon empfindlich kalt und wie Watte lagen morgens Nebelschwaden über den Waldwegen und Senken. Die Tage waren spürbar kürzer geworden, und schon früh begann es zu dämmern.

Wo die Stadt endete, lagen verstreut am Waldrand einige einsame Schrebergärten. Vereinzelte sumpfige Partien in deren Nähe, mit Schilf und Rohr bewachsen und von allerlei Buschwerk gesäumt, waren vorübergehend zum Einstand der Sauen geworden. Von dort aus wechselten sie Nacht für Nacht zu den Feldflächen und Wiesenstücken am anderen Ende des Waldes, um sich dort ihren Teil zu holen. Der Auftrag des Jagdleiters war klar: Verstärkter Ansitz an den Wechseln oder der Feldkante, um die heimlichen Nachtwanderer abzupassen.

Schon seit drei Tagen hatte ich an einem gut bekannten Fernwechsel Fallobst ausgebracht, um die Sauen mit diesen Leckerbissen auf der breiten Schneise zu beschäftigen. Einige Tage blieb das Obst unberührt, doch die heutige Kontrolle bestätigte mir, dass eine Rotte letzte Nacht vor Ort war und auf der Suche nach Fraß gleich den Waldboden am Wegesrand mit umgebrochen hat.

Noch einmal wurde die zufällige Kirrung neu beschickt und als in der zweiten Nachthälfte der Mond aufging, saß ich bereits auf einem offenen Leitersitz in guter Schussentfernung und harrte der Dinge, die da kommen sollten. Die Luft war feucht und kein Windhauch wehte, kein Laut trübte die Stille.

Meine Gedanken wanderten vier Wochen zurück. Auch damals saß ich an derselben Stelle, wie heute führte ich einen Suhler Drilling und beobachtete die Konturen der Sträucher und Äste, wenn ein leiser Wind sie bewegte. Ein Baumstumpf im Brombeergestrüpp ähnelte einer sitzenden Katze, ein anderer Busch ahmte täuschend die Umrisse eines Hasen nach. Plötzlich begann sich im diffusen Mondlicht ein Baumstumpf zu bewegen, eben jener, der einer sitzenden Katze so ähnlich gesehen hatte. Ich merkte schnell, dass mich meine Sinne nicht genarrt hatten, denn der Blick durch das Jagdglas bestätigte mir, dass dort eine starke graue Katze saß und den Kopf mit den spitzen Gehören langsam in verschiedene Richtungen drehte.

Wildernde Katzen besaßen nach DDR-Jagdrecht keinen Schutzstatus sondern durften, besser mussten, geschossen werden. Vorsichtig richtete ich das Absehen des sechsfachen Zielfernrohrs auf den grauen Räuber und ließ aus dem rechten Lauf die Schrotgarbe fliegen. Nicht weit vom Anschuss, mitten im Brombeergerank, lag ein außergewöhnlich starker grauer Kater, einer Wildkatze nicht unähnlich. Die Vorderläufe waren zerschrammt und vernarbt wie bei einem alten Landsknecht, was darauf schließen ließ, dass nicht nur Kleinnager zum Beutespektrum des grauen Räubers gehörten. Sicherlich hatte er schon lange kein Haus mehr von innen gesehen und tierische Feinde brauchte der Graue aufgrund seiner Größe nicht zu fürchten.

Lautes Ästeknacken ließ meine Erinnerung verfliegen. Eine Rotte wechselte an, nicht wie erwartet von hinten aus Richtung der Schrebergärten, sondern von vorn. Schon am Geräusch war zu erkennen, dass es sich um eine größere Truppe handeln musste. Kurz vor der Schneise verhofften die Sauen und vergewisserten sich, dass die Luft rein war.

Und schon trat ein großer schwarzer Schatten ins Freie. Die Leitbache stand mitten auf der Schneise und prüfte den Wind. Schon schob sich ein zweites Stück hervor und sicherte, deutlich heller gefärbt. Dann erschien lautlos der erste Frischling am Wegesrand. Alle drei Stücke verhofften stocksteif und plötzlich öffneten sich die Schleusen und circa zehn Schwarzkittel wimmelten durcheinander und machten sich über das Fallobst her. Ich hatte Mühe, einen Frischling freizukriegen. Aber schließlich klappte es und im Schuss rutschte er am Schneisenrand zusammen.

Die Rotte machte wie der Blitz kehrt und war außer Sicht, aber ich hatte deutlich im Gefühl, dass sie noch im Unterholz verhoffte. Den Kugellauf hatte ich noch nicht nachgeladen, denn der linke Lauf beherbergte ja ein Flintenlaufgeschoss. Die Sekunden vergingen und vorsichtig schob sich die Leitbache erneut hervor, und nach kurzer Zeit kam ich mit dem Flintenlaufgeschoss auf einen weiteren Frischling ab, aber er schaffte es noch in das undurchdringbare Brombeergestrüpp, während der Rest der Rotte unweit von mir flüchtig davonprasselte.

Einigen heutigen Jägern, für die Hochrasanzbüchsen mit Nachtsichtoptiken und Schalldämpfer zur jagdlichen Mindestausstattung gehören, mag der Schuss auf Schalenwild mit dem Flintenlaufgeschoss wie ein Relikt aus einer versunkenen Welt erscheinen. Aber in den Jagdgesellschaften der DDR, wo häufig die Flinten dominierten, war dies alltäglich.

Mein erstes Stück Rehwild zum Beispiel erlegte ich mit einer 12er Doppelflinte und trotz gutem Sitz des Bleibatzens ging die Ricke noch 40 m. Weidgenossen, die zehn Stück Schalenwild im Jagdjahr nur mit dem Flintenlaufgeschoss erlegten, waren durchaus keine Seltenheit. Da bei diesem Geschosstyp die weidgerechte Schussentfernung bei ca. 50 m endet, mussten die Jäger der DDR dicht an das Wild heran.

Zurück zum Geschehen: Die Morgendämmerung war nicht mehr fern, als ich den erstbeschossenen Frischling versorgte und mich auf den Heimweg machte. Schon im ersten Morgengrauen war ich mit Jagdfreund Bruno und seiner auf Schweiß geprüften Teckelhündin „Andra" auf dem Weg zum Anschuss. Wir rollten mit dem Trabbi-Kombi langsam den breiten Holzabfuhrweg entlang, als plötzlich ein stattlicher Damschaufler von links auf den Weg trat und in unsere Richtung äugte. Damwild kam sonst in unserem Jagdgebiet nicht vor, umso gebannter genossen wir den unverhofften Anblick. Nach der Brunft, gegen Ende Oktober, waren größere Wanderungen einzelner Hirsche bekannt und solch einen unsteten Wanderer schienen wir vor uns zu haben.

Der Schaufler hielt auf der Schneise wie ein fahrender Ritter vor dem überraschten Feldlager des Gegners. Wir erkannten jede Einzelheit seines breitausladenden Geweihs und es fehlte nur das Kruzifix zwischen den Geweihstangen und der Hubertushirsch äugte uns an.

Vielleicht war er es ja wirklich, denn als wir kurz darauf den verendeten Frischling 30 Gänge vom Anschuss entfernt im Gestrüpp des Unterwuchses fanden, wünschte mir Bruno „Weidmannsheil zum Hubertustag". Erst jetzt kam mir zum Bewusstsein, dass wir ja den 3. November schrieben. Dankbar erwiderte ich den Gruß und steckte mir den Schützenbruch hinter das Hutband in dem Bewusstsein, dass der Schaufler auf der Schneise wohl doch kein Zufall war.

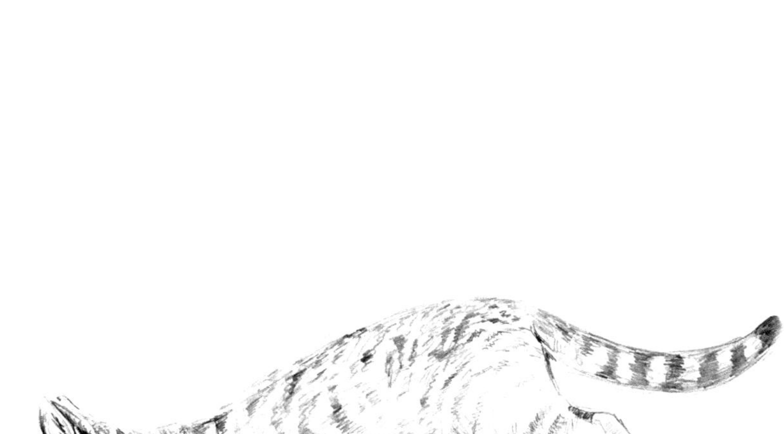

Schwarzwildträume

Es war wie verhext. Seit einer Woche schon saß ich regelmäßig an der Kirrung am Erlenbruch an. Aber Pünktlichkeit schien nicht zu den Haupttugenden der Sauen zu gehören.

Jedes Mal, wenn ich noch vor Mitternacht abbaumte, schließlich klingelte morgens der Wecker und erinnerte an das Berufsleben, waren die Läufe blank und die Kirrung unberührt geblieben. Dass die Schwarzkittel aber dagewesen sein mussten, war zweifelsfrei am nächsten Tag zu erkennen. Fast möchte man meinen, die berühmten Heinzelmännchen zu Köln wären aus ihrem Märchenschlaf erwacht und statteten zu mitternächtlicher Stunde ihren Besuch ab.

Aber heute war alles anders. Es war Wochenende und einem späten und langen Vollmondansitz stand nichts im Wege. Auch das Wetter passte. Seit Tagen regnete es nicht mehr, es war nahezu windstill, und den Mond verdeckten immer wieder Wolkenschleier. Steht der Vollmond allzu grell und kalt am Firmament, halten sich die Sauen erfahrungsgemäß mit dem Besuch der Kirrungen zurück.

Ich habe in meinem Jägerleben schon viele Schwarzkittel erlegt: auf der Drückjagd, bei der Mondscheinpirsch im Hochwald, beim Bockansitz im Frühjahr und Sommer und immer wieder während des nächtlichen Ansitzes im Herbst und Winter. Und gerade diese Jagdart übt stets aufs Neue einen eigenartigen Zauber auf viele Jäger aus.

Wenn unser Erdtrabant sein fahles Licht über die Landschaft ergießt und alles ringsum ruhig ist, vermeint man die Stille ringsum förmlich zu hören. Die Geräusche der Nacht sind weithin zu vernehmen und verstärken das Gefühl der Einsamkeit noch: Dumpf dröhnt es vom nahen See herüber, wenn das Eis im starken Frost arbeitet und sich Seespalten bilden, von weither dringt der Ranzlaut Meister Reinekes an das Ohr, nicht weit entfernt bricht ein Ast. Und dann wieder lange Zeit Stille.

Nicht selten flüstert dann die Versuchung dem Weidmann ins Ohr: „Du sitzt schon so lange, mach Schluss für heute, hier kommt doch nichts mehr." Du aber willst noch 15 Minuten drangeben und dann nochmals zehn Minuten … und plötzlich bist Du hellwach. Eine Rotte wechselt an, Du hörst es am Geräusch, lange bevor Du sie siehst. Mittlerweile ist es Dir nach vielen Jahren nächtlichen Ansitzes ein leichtes, Fuchs, Reh oder Sauen nur am Geräusch zu unterscheiden. Einzelne Stücke Schwarzwild sind jedoch ausgesprochen achtsam und nähern sich solch gefährlichen Orten wie Kirrungen, Suhlen oder Malbäumen nur mit äußerster Vorsicht. Das Leben hat sie gelehrt, dass es dort in Mondnächten nicht geheuer ist.

Heute Nacht nun sollte es aber zum Schwur kommen: Bis weit in die zweite Nachthälfte wollte ich drangeben, um einen der heimlichen Nachtwanderer abzupassen. Als ich kurz vor Mitternacht meinen Ansitz bezog, war ich voller angespannter Erwartung. Das Erlenbruch vor mir lag in tiefem Schlaf. Hinter der Kirrung, aber noch in guter Schussentfernung, verlief ein Fernwechsel, der von den Sauen gern angenommen wurde.

Immer wieder schweifte mein Blick in die Runde. Obwohl kein Frost herrschte, wurde es langsam empfindlich kalt. Plötzlich nahm ich zwischen den Erlenkaupen rechts von mir eine Bewegung wahr. Ein langgestreckter, dunkler Wildkörper, den ich im ersten Moment als Fuchs ansprach, schob sich vorsichtig heran. Schnell war jedoch zu erkennen, dass hier Meister Hinz auf verbotenen Pfaden wandelte. An seinem Benehmen war zu erkennen, dass er nicht zum ersten Mal hier auf Beute aus war. Jetzt hatte die starke graue Katze eine abgestorbene Erle erreicht und erkletterte deren schrägliegenden Stamm, wo sie sich in halber Höhe zusammenrollte. Nie zuvor hatte ich derartiges erlebt.

Die Nacht schritt voran und Mitternacht war bereits weit überschritten. Wahrscheinlich würde dies wieder ein vergeblicher Ansitz, aber eine halbe Stunde wollte ich noch drangeben. Zufällig ging mein Blick nach links und ich sah gerade noch, wie eine starke Sau im Weidengestrüpp des Bruches verschwand. Sie musste aus dem Hochwald hinter mir gekommen sein. Und mir war so, als würde sie einen Vorderlauf schonen. Und da sah ich ihre Konturen zwischen den Schlagschatten der Weidensträucher. Sie hatte den Fernwechsel angenommen und behielt die Richtung zur Kirrung bei. Aber wie vorsichtig war das Stück. Alle zwei bis drei Meter verhoffte es, um dann wieder ein kurzes Ende zu ziehen. Tatsächlich war nun zu erkennen, dass der rechte Vorderlauf stark geschont wurde.

Es dauerte lange, aber jetzt trat die Sau aus dem Schatten der Weiden und Erlen hervor und stand breit wie eine Scheibe im fahlen Licht des Mondes hinter der Kirrung. Immer noch prüfte sie mit allen Sinnen, ob eine Gefahr drohen könnte. Aber das Schicksal war diesmal nicht auf ihrer Seite. Der Schuss auf die verharrende Sau war kein Kunststück. Zum ersten Mal jedoch sah ich, dass das getroffene Stück in keiner Weise zeichnete. Starr wie ein Denkmal verhoffte es an Ort du Stelle. Sollte ich gefehlt haben?

Gerade als ich die Bockbüchsflinte zum Nachladen aufklappen wollte, fiel die Sau zur Seite, schlegelte noch einige Male mit den Läufen und lag still. Wie sich beim Aufbrechen später herausstellte, war die Aorta oberhalb des Herzens zerschossen worden, sodass das Stück in Schockstarre noch einige Zeit verhoffte. Da die Sau auf der linken Seite lag, war der verkrüppelte rechte Vorderlauf gut zu sehen. Es war anzunehmen, dass die starke Bache aufgrund dieser Behinderung aus dem Rottenverband ausgestoßen worden war und deswegen als Einzelgängerin ihre Fährte zog.

Beim späteren Zerwirken fand sich noch eine volle Ladung 3-mm-Schrote auf der Innenseite der Schwarte. Vermutlich hatte sich ein Drückjagdschütze mit einer kombinierten Waffe durch Verwechslung der Abzüge verhaspelt.

Als ich mich weit nach Mitternacht auf den Heimweg machte, war der Mond vollkommen hinter Wolken verschwunden und ein leichter Wind hatte sich aufgemacht, neuen Regen verheißend.

Der Schaufler vom „Roten Haus"

Langsam und vorsichtig bog ich von der Hauptstraße ab und folgte den ausgefahrenen Fahrspuren in Richtung Jagdgebiet. Zur linken Hand, halb von Gestrüpp überwuchert, kamen die alten Fundamente eines ehemaligen Gebäudes in Sicht. Dort sollte früher einmal ein Kinderheim gestanden haben, sein rotes Mauerwerk gab dem Revierteil seinen Namen: „Rotes Haus".

Es war Anfang Oktober, die nahende Damwildbrunft kündigte sich an. Frische Schlagstellen an den Wegrändern und die ersten angenommenen Brunftkuhlen verrieten dem Kundigen die Anwesenheit der sonst so heimlichen Schaufler. Während man sie im übrigen Jahr kaum zu Gesicht bekam, bummelten sie jetzt in der Vorbrunft auch tagsüber im Revier herum, suchten immer wieder die Brunftkuhlen auf und markierten sie. Ihre sonstige Scheu und Wachsamkeit ließ jetzt deutlich nach. Erst vor zwei Tagen, in der Nähe des Brunftplatzes, wechselte völlig unbeeindruckt von meiner Anwesenheit vor mir ein weißer mittelalter Hirsch mit seinem wildfarbenen Adjutanten über die Schneise und bewindete unaufhörlich Äste und Zweige. Seinem völlig zerrissenen Geweih nach wäre er ein idealer Abschusshirsch gewesen, aber bekanntlich überlebt der Erleger eines weißen Hirsches das folgende Jahr nicht... Während mir diese Gedanken noch durch den Kopf gingen, hatte ich einen abgelegenen Revierteil erreicht und stellte mein Fahrzeug in guter Deckung ab. Bald darauf hatte ich meine Ansitzleiter erreicht.

Sie befand sich am Kreuzungspunkt zweier circa 20-jähriger Kieferndickungen unweit des Brunftplatzes und zwei breite Holzabfuhrwege gewährleisteten wie überdimensionale Krähenfüße eine gute Übersicht.

Nun hieß es, sich in Geduld zu üben, aber aus Erfahrung wusste ich, dass an dieser Stelle, zumal zu Brunftbeginn, immer mit Damwild zu rechnen war.

Aber zunächst geschah nichts. Nur ein Eichhörnchen vertrieb mir die Zeit und machte seinem Unmut über den ungebetenen Gast durch lautes Schnalzen Luft. Wie hinter einem Bühnenvorhang trat urplötzlich ein starker Hirsch aus der Dickung zu meiner Linken auf die Schneise. Ohne zu sichern oder zu verhoffen, den Windfang dicht über dem Boden, zog er unmittelbar am Bestandsrand in meine Richtung, so als wäre er in einem wichtigen Auftrag unterwegs. Durch das scharfe Jagdglas erkannte ich auch auf die weite Entfernung deutlich, dass der Hirsch ein ungleiches Schaufelpaar trug. Im Gegensatz zur ideal geformten Vollschaufel links wirkte die rechte Schaufel eindeutig schmaler und geringer. Der Hirsch passte! Meine stille Hoffnung, dass der auch im Wildbret starke Schaufler auf Schussentfernung näher zog, erfüllte sich nicht. Unverhofft tauchte er wieder in die Dickung ein.

Jetzt war guter Rat teuer. Wenn er die Richtung beibehielt, müsste er über kurz oder lang auf der Schneise rechts von mir erscheinen. Dort verlief in etwa 120 m Entfernung ein mir bekannter Wechsel in Richtung Brunftplatz. Wie der Blitz, einer plötzlichen Eingebung folgend, war ich vom Hochsitz herunter und postierte mich auf halber Strecke zum Wechsel hinter einer stärkeren Kiefer, notdürftig mit einem Tarnschal verblendet und keine Sekunde zu früh. Schon tauchten zwischen den dunklen Stangen die hellen Läufe eines Damhirsches auf, der wie an einem Faden gezogen, dem Wechsel folgend, auf die Schneise zuhielt. Ein kurzer Blick auf das Haupt – es war der Gesuchte. Die Büchse war entsichert und eingestochen, als ein leiser Pfiff den Hirsch auf der Schneise zum Verhoffen brachte. Hoch flog das Haupt und einer Statue gleich sicherte er in meine Richtung. Herrgott, welch ein Bild! Auf die kurze Entfernung hin schien sein Gesichtsausdruck Erstaunen und Überraschung zugleich auszudrücken: Wer wagt es, die Waldeinsamkeit an diesem abgelegenen Ort zu stören?

Da krümmte sich der Zeigefinger. Hart war der Knall des Kugelschusses und während ich in seinem Widerhall automatisch repetierte, vermeinte ich deutlich zu sehen, wie der Schaufler mit einer gewaltigen Flucht kehrtmachte und dahin verschwand, von wo er gekommen war. Als ich kurz darauf am Anschuss war, stach mir der typische Brunftgeruch in die Nase. Vom Hirsch jedoch keine Spur. Kein Schweiß, kein Schnitthaar, lediglich einige Ausrisse im Boden. Aufmerksam suchten meine Augen in der vermeintlichen Fluchtrichtung das lückige Stangenholz ab – umsonst. Schon überlegte ich, den Jagdherrn mit seinem Schweißhund zu benachrichtigen.

Vorher wollte ich jedoch noch den Teil der Stangen absuchen, der entgegen der vermuteten Fluchtrichtung lag und wo der Hirsch unmöglich liegen konnte. Hier standen die Kiefern dichter und es war leicht dämmerig. Schritt für Schritt kam ich langsam voran und nach 30 m machte mein Herz einige schnelle Schläge. Vor mir lag der Hirsch an eine Kiefer gelehnt. Er war längst verendet und die Lichter waren schon mit dem grünlichen Schimmer des Todes überzogen. Ehrfurchtsvoll betrachtete ich den kapitalen Recken, betastete das imposante, weitausgelegte Geweih mit seinen knuffigen Stangen. Meine überreizten Nerven hatten mir im Moment der Schussabgabe einen Streich gespielt. Die Todesflucht war nicht zurück, sondern über die Schneise in das gegenüberliegende Stangenholz gegangen. Und während ich den Hirsch mit Inbesitznahmebruch und Letztem Bissen versah, spendete ich in Gedanken Diana stillen Dank.

Die Tafelrunde

Im Schritttempo und fast geräuschlos rollte mein Fahrzeug über ausgefahrene Fahrspuren durch das Revier. Die letzte Oktoberwoche war angebrochen und in dem Zeitabschnitt der Hochbrunft ist das Damwild besonders rege. Ein gut getarnter Schirm in der Nähe eines Wechsels war das Ziel meines damaligen Ansitzes, obwohl ich mir nur geringe Hoffnungen auf Anblick oder gar Jagderfolg machte. Der Grund dafür waren die Aktivitäten von Isegrim in meinem Revier. Dessen Anwesenheit war keine leere Vermutung, hatte ich ihn und seine Vetternschaft doch schon mehrfach in Anblick gehabt. Einzeln oder in Rudeln von drei bis fünf Tieren. Die Ehefrau meines Jagdfreundes war selbst Augenzeugin, wie ein mehrköpfiges Wolfspack hochflüchtig einer Rotte Schwarzwild mit Frischlingen nachsetzte, nicht mehr als 50 m von der überraschten Pilzsammlerin entfernt.

Zur Beruhigung der Schalenwildbestände tragen solche Hetzjagden keineswegs bei. Das Wild wird heimlich und unstet, hält sich vorzugsweise in der unmittelbaren Nähe von Gehöften und Ortschaften auf bzw. wandert in wolfsfreie Gebiete aus. So war es nicht verwunderlich, dass einige Revierinhaber das in ihren Revieren vorher so zahlreich vorkommende Damwild inzwischen ganz privat auf die „Rote Liste" gesetzt hatten.

Während ich noch über diese Misere sinnierte, bemerkte ich plötzlich im Kiefernaltholzbestand zu meiner Linken, keine 100 m entfernt, eine undeutliche Bewegung. Während der Motor im Stand leise weiterlief, zeigte der Blick durch das Jagdglas ein kleines Kahlwildrudel, das sich kreisförmig gruppiert hatte. Während die meisten Stücken niedergetan waren, sicherte ein Alttier starr in meine Richtung. Plötzlich wurde inmitten des Kreises erst ein Geweih sichtbar und danach ein Hirsch hoch – und was für einer!

Starke Stangen mit breiten, ebenmäßigen und fast ideal geformten Vollschaufeln. Die ganze Erscheinung ließ auf einen Schaufler älteren Semesters schließen. Der imposante Eindruck wurde noch dadurch verstärkt, dass das ganze Geweih nach vorn überzukippen drohte und dadurch im ersten Augenblick an eine Krone oder den Zierrat auf einem Ritterhelm erinnerte. Der starke Schaufler mit dem wie gekrönt wirkendem Haupt inmitten seines Harems. Das Bild erinnerte mich damals wie heute an König Artus´ Tafelrunde.

Sofort stand mein Plan fest. Ich würde den Altholzbestand weiträumig umfahren und mich der Stelle von der entgegengesetzten Seite nähern. Dort würde mir ein offener Leitersitz leidlich Deckung bieten. Denn ich war mir fast sicher, den Hirsch nochmals in Anblick zu bekommen.

Es dauerte dann auch keine 15 Minuten, bis ich mich vorsichtig, aber dennoch zügig meinem Ziel näherte und erleichtert feststellte, dass auch das kleine Brunftrudel inzwischen einen Stellungswechsel vollzogen hatte, sodass meine Annäherung unbemerkt geblieben war. So saß ich also in luftiger Höhe mitten im Altholz, als plötzlich in einem nicht weit entfernten Stangenholz rechts von mir ein Hirsch zu melden begann. Fast im selben Moment bemerkte ich eine undeutliche Bewegung ziemlich weit vor mir. Zwischen den Stämmen gerade noch wahrnehmbar. Es war mein alter Bekannter, das Geweih war unverkennbar. Eine sonderbare Situation: trotz Hochbrunft kein Anzeichen von Damwild in den vorigen Tagen, und jetzt bewegte sich ein Erntehirsch vor mir im Kiefernaltholzbestand, während ein anderer Hirsch die Szenerie akustisch begleitete.

Ich war hin- und hergerissen und wusste nicht, wo ich zu erst hinhören oder hinsehen sollte. Der Schaufler nahm mir aber die Entscheidung ab, denn große Bögen schlagend, kam er allmählich immer näher. Ich begriff, dass er nach meiner Störung die Brunftarena neu inspizierte, während er das Kahlwild noch in sicherer Deckung einer angrenzenden Dickung zurückgelassen hatte. Jetzt verhoffte er ungefähr 100 m vor mir am Rand einer schmalen Schneise und sicherte, verdeckt durch einen starken Kiefernstamm, in Richtung des schreienden Rivalen. Aber die Schneise schien die Grenze seines Brunftareals zu sein, denn er wendete und kam in einem großen Bogen genau in meine Richtung gezogen, immer spitz von vorn.

Während ich darauf wartete, dass er sich für einen Moment breitstellen würde, zog er weiter genau auf meinen Sitz zu, bis er schließlich auf 15 m heran war und verhoffte. Schon längst erwartete ich ihn mit angeschlagener, gestochener Büchse und wartete auf eine günstige Schussposition. Wenn nicht bald etwas passieren würde, wäre die Gelegenheit verpasst.

Küselnder Wind oder der Warnruf eines Eichelhähers konnten dazu führen, dass der Schaufler unverhofft abgehen würde. So entschloss ich mich zu einem Schuss von vorn auf den Stich, zum ersten und einzigen Mal in meiner über 30-jährigen Jägerlaufbahn. Im Knall hob sich der Beschossene weit vorn hoch, bevor er nach 50 Gängen zum Stehen kam und fast behutsam zur Seite sank.

Als ich an ihn herantrat, um ihm die Totenwacht zu halten, schrie der Hirsch im Stangenholz unbeeindruckt weiter, so als wollte er mit seinen Rufen dem alten Recken Lebewohl sagen.

Pleiten, Pech und Pannen

Wie das richtige Leben, so hält auch das Weidwerk so manche Überraschung bereit und manche bleiben lange im Gedächtnis haften. Es war Ende Mai, und der große Jahresurlaub stand vor der Tür, in zwei Tagen sollte es losgehen. Von einem Hochsitz am Rand eines mehreren Hektar großen, und wie mir schien, trockenen Schilfgebiets war es mir gelungen, zwei Überläuferkeiler zu erlegen.

Während der erste unweit meines Standorts lag, waren es bis zum zweiten knapp 100 m. Er mochte um die 40 kg wiegen und ich entschloss mich kurzerhand, ihn mit dem Jeep zu bergen. Der Boden des bruchartigen Geländes schien mir ausreichend trocken, sodass ein Festfahren nahezu ausgeschlossen schien. Trotz starker Motorisierung und Allradausstattung saß ich dennoch kurz darauf im moorastigen Boden bis an die Achsen fest. Nach eineinhalb Stunden hatte ein Abschleppunternehmen ein Fahrzeug geschickt, doch auch dieses stieß an seine Grenzen. Langsam wurde es bedenklich, die Dunkelheit nahte und in der Ferne verkündeten dunkle Wolken und erste Blitze das Nahen eines Gewitters.

Die letzte Rettung war Jagdfreund Helmut mit seinem PS-starken Wagen. In einer Reihe, vorneweg Helmuts Geländewagen, danach der Abschleppwagen und schließlich mein Jeep. So zogen wir uns fast wie Baron Münchhausen selbst aus dem Morast. Es war schließlich 22:30 Uhr, als bei Dunkelheit und strömendem Gewitterregen das Werk vollbracht war. Zwischendurch musste der Abschleppwagen, während er in der Stadt zum Tanken war, auch gleichzeitig noch ein gerissenes Abschleppseil ersetzen. Schließlich waren Fahrzeug und Sauen geborgen, dem Urlaub stand nichts mehr im Wege. Die Rechnung des Abschleppdienstes von 1 500 DM rundete die ganze Aktion endgültig ab.

Der neue Hochsitz, kunstvoll in eine alte Eiche am Wiesenrand eingebaut, war zwar etwas groß geraten, aber sehr solide gebaut. Indes, mit Baulichkeiten ist es misslich. Ob man sie schätzt, ist ungewisslich, so wusste es schon Altmeister Wilhelm Busch zu berichten. Diese Erfahrung stand mir allerdings noch bevor, als mich ein abendlicher Bockansitz voller Vorfreude die Leitersprossen ersteigen ließ.

Meine Erwartungen sollten dennoch enttäuscht werden. Ein aufgeregter Fliegenschwarm und ein betörender Duft, der nicht gerade an Veilchen erinnerte, ließen mich Schlimmes ahnen. Eine Visitenkarte von gewaltigen Ausmaßen, mitten auf dem Sitzbrett platziert, hatte ein heimlicher Vertreter der Gattung Homo sapiens als Souvenir hinterlassen. Der Umfang der Hinterlassenschaft ließ auf einen beachtlichen Vertreter seiner Art schließen. Das Rehwild auf der Wiese hatte an diesem Abend Ruhe vor mir.

Sitzbretter auf Hochsitzen können aber auch durchaus angenehme Besonderheiten bereithalten. Anfang Mai hatte ich gerade mit dem Ersteigen der Hochsitzleiter begonnen, als sich ein Eichelhäher in die Lüfte schwang. Mitten auf dem Sitzbrett, etwas am Rande, fand sich sein Nest mit sechs Eiern, für Eichelhäher normal, nur der Ort war ungewöhnlich. Als ich am nächsten Tag dieses einmalige Stilleben mit dem Fotoapparat festhalten wollte, war das Nest verweist.

Aber auch Hochsitzdächer haben zuweilen ihre Tücken. Während einer herbstlichen Drückjagd, es regnete in Strömen, saß ich unter dem durchlöcherten Hochsitzdach wie unter einer Dusche. Die einzige halbwegs trockene Stelle konnte ich nutzen, indem ich mich in unbequemer Haltung in die äußerste linke Seite des Hochsitzes quetschte. Kurz vor Ende der Jagd näherte sich ein kapitaler Damschaufler dem Sitz, den ich leider aufgrund der beschriebenen Umstände erst bemerkte, als auch er mich mitbekam. Mit etwas Glück und ohne Regen wäre er mir sicherlich zur Beute geworden.
Wenn ich nämlich, wie üblich, die rechte Hochsitzseite hätte besetzen können. Von dort wäre es ein leichtes gewesen, das Stück schon frühzeitig wahrzunehmen.

Am sogenannten Bombentrichter habe ich viele nächtliche Ansitze auf Sau und Fuchs verbracht. Eine Suhle am Boden der Mulde und reichlich Eichelmast durch die umgebenen Eichen machten den Ort für die schwarzborstigen Gesellen attraktiv. Mehrmals in jüngster Zeit kam es mir in der Dunkelheit so vor, als hätte irgendwo in der Nähe ein kleines Glöckchen geklungen. Aber das war ja geradezu unmöglich. Sollte ich unter Halluzinationen leiden?

In einer außergewöhnlich hellen Mondscheinnacht zogen drei Stück Rehwild unmittelbar unter mir vorbei. Es war so hell, dass ich jedes Haar auf der Decke erkennen konnte. Wieder hörte ich leisen Glockenton. Dieses Mal hatte er jedoch nichts geheimnisvolles mehr an sich. Ein weibliches Stück Rehwild trug an einem Halsband ein kleines Glöckchen wie manche Hauskatzen. Ich konnte es zweifelsfrei erkennen. Vermutlich wurde das Reh als Kitz aufgezogen und mit der Schelle versehen, ist dann aber irgendwann in die Wildbahn entwichen. Ich habe es noch einige Male gehört, danach verlor sich seine akustische Fährte.

Zu Beginn der Blattzeit saß ich auf einem Hochsitz am Rande einer durch das Revier führende Stromtrasse an. Zahlreiche Rehfährten am jenseitigen Dickungsrand ließen auf lebhafte Begängnis schließen. So wollte ich mir einfach nur einen Überblick verschaffen. Eine Zeit lang geschah nichts, aber als das Büchsenlicht schon zu schwinden begann, erschien plötzlich ein sehr starker Bock mit fahl-gelblicher Decke am 100 m entfernten Dickungsrand, um gleich darauf wieder im Gebüsch zu verschwinden.

Dies war mit Sicherheit ein Bock, auf den ein erneuter Ansitz lohnte und so fand mich der nächste Abend wieder auf dem Weg zum Hochsitz. Wer beschreibt aber mein Erstaunen, als ich dort ankam. Der Sitz befand sich nach wie vor in der Krone der knorrigen Eiche, die ziemlich lange Leiter jedoch war in ganzer Länge entfernt worden und lag, in Einzelteile zersägt und exakt aufgestapelt, zu Füßen der Eiche.

Nun lag es an mir zu entscheiden, wem ich mehr Hochachtung entgegenbringen sollte: Der typisch deutschen Wertarbeit oder der Dreistigkeit, mit der hier ein Heimwerkertalent seine Neigungen ausgelebt hatte. Den Bock, dem dieser Reviergang eigentlich gegolten hatte, wird es so oder so gefreut haben. Womöglich hat die fehlende Leiter ihm das Leben gerettet. Und so bestätigte sich einmal mehr, dass in jedem Schlechten auch etwas Gutes steckt.

In einer eiskalten Winternacht, die mir einen prachtvollen Fuchsrüden beschert hatte, war ich auf dem Rückweg vom Ansitz zu meinem abgestellten Trabbi-Kombi. Im Schnee fielen mir Fußspuren rings um das Auto auf, die dort eigentlich nicht hingehörten. Eine genauere Inaugenscheinnahme ergab weiterhin, dass das vordere Reifenpaar Plattfüße aufwies, wogegen die Scheibenwischer einem Stabilitätstest unterzogen worden waren.

Obwohl es mir gelang, mit sparsamster Schleichfahrt die nächste Tankstelle zu erreichen, blieb es mir bis heute rätselhaft, wer sich damals zu nachtschlafender Zeit im eiskalten Winterwald zu einem abendlichen Spaziergang entschieden hatte. Jagd ist eben alle Tage anders...